動物思維
Animal Minds

耶魯大學商學院不教的53條企業生存法則

王汝中◎著

原書名：剩者為王—誰說動物不懂經濟學

編輯序

仿生經濟實戰：非理性環境下的理性生存

二〇〇六年，尼可拉斯．塔雷伯在《黑天鵝效應》中寫道：「我看著這場危機，就好比一個人坐在一桶炸藥之上，一個最小的打嗝也要去避免。不過不用害怕：他們（房利美）的大批科學家都認為這事『非常不可能』發生。」

兩年後，專家口中的「不可能」發生的「黑天鵝現象」，終於還是發生了。二〇〇八年九月十四日，雷曼兄弟提出破產申請，同一天，美林證券被美國銀行收購。第二天（在九月十五日）和第四天（九月十七日）股市市值暴跌，拉開了全球股市大崩盤的序幕，長達數年的世界經濟危機時代來臨了。

對於全球的企業來說，二〇〇八年的冬天格外寒冷。沒有哪家企業生存在真空中，無論是大財團還是小工廠，都如同寒冬裡的各種動物，經受著嚴寒和風雪的考驗，開始了艱難而漫長的「過冬」時期。

也許，在企業家的眼中，經濟危機是數十年才會遇到一次的特殊時期。耶魯大學金融學教授羅伯特希勒卻在《動物精神》中提出了一個令人悲觀的結論：人的非理性會使傳統經濟學方法失效，市場變成了一個喜怒無常的

怪獸，隨時都可能把人們吞沒。

那麼，企業難道就沒有辦法來應對非理性的市場環境，在非理性造成的困境中突圍出去，順利度過經濟寒冬嗎？當然有。本書認為，「動物精神」其實是人類智慧的副作用，與人類相比，其他動物的「動物思維」，反而是面對非理性困境的解決之道。向動物學「過冬」，這就是仿生經濟學為企業家提供的新思路。

比如，人在險惡的市場環境前會產生懷疑、恐懼、猶豫不決等心態，從而錯過最佳的時機，沒有找到合適的方法「過冬」。反觀動物界，卻有著五花八門、超乎尋常的禦寒方法。

聰明的動物會準備過冬的棉衣：鳥、鴨、兔子、狐狸會換毛，還儲存一層厚厚的脂肪，像毯子一樣緊緊裹住身體；勇敢的動物會選擇遷徙：大雁、角馬都是遠徙的高手，提前過好過冬的準備；富有愛心的動物媽媽或者爸爸們還有過冬的訣竅：金龜子為幼蟲準備下充足的營養，蓑蛾會編織一個育兒口袋，讓幼蟲躲避風雨侵襲；更常見、更安全的動物過冬方式是冬眠：蝙蝠倒掛在房梁上，蛇變成一條條冰棒，灰熊一直睡到春暖花開。

在生物的進化史上，經過幾次冰河期，無數次的火山爆發，加上天敵圍追堵截，再加上人類的殘忍和貪婪，為什麼動物還能活下來呢？就是因為動物生存有一些基本的法則，就像很多動物都要冬眠一樣，冬眠就是儲存脂肪，降低消耗，到春天又活起來了，如果沒有冬眠的功能，很多動物也要死掉。

企業和動物學過冬，就是一種仿生經濟學。作者形象地把動物過冬的方式與企業應對危機的策略巧妙結合起來，通俗易懂，簡單實用。但是，企業過冬，是個長期艱巨的任務；如何過冬，也非一招一式所能奏效。書中提出的五十三條企業生存法則，如果能夠給你哪怕一點一滴的啟迪，就是功德圓滿了。經濟危機不可怕，只要有信心，做好了迎接春天的準備，溫潤的春雨遲早會灑滿大地。

前言

企業生存的新思維——以動物為師

二〇〇八年冬天，隨著大洋彼岸次貸危機的爆發，經濟風暴席捲全球，無數企業被迫關門倒閉，房市崩盤、股市癱瘓，企業家們無不驚呼：經濟嚴冬來了！

這場歷史罕見的國際金融危機不斷蔓延，從局部到全球，從已開發國家到發展中國家，從金融領域到實體經濟，衝擊之強、涉及範圍之廣，令人關注。在危機的影響下，許多企業紛紛倒閉，有些傳統的知名企業如Schiesser內衣、Rosenthal陶瓷也未能倖免於難。不到一年，西歐各國多達十五萬家倒閉，其中西班牙和愛爾蘭簡直如同推倒了骨牌，倒閉企業更是不計其數。

五年過去了，面對這場危機，世界各國增強共識，通力合作，共克時艱。但是，直到今天，我們也很難說經濟的春天已經來臨。

「一夜北風緊」，經濟寒流來得如此迅猛，如此出人意料，如此殘酷，很多企業都沒有做好準備，只能倉促應對。可是，在沒有掌握「過冬」技巧的情況下，或「凍死」，或在「寒風」中「瑟瑟發抖」，幾乎無人相信此時正是做強做大的機會，從而錯失良機。如果人人都這樣進行非理性的思考和決策，經濟的嚴冬反而會因此而無限延長——這就是耶魯大學金融學教授羅伯特希勒在《動物精神》中解釋的經濟危機背後的真相。

與失控的經濟嚴冬相比，自然界的有些動物卻保持著清醒的頭腦，依然過著秩序井然的日子，牠們似乎不為嚴寒所動。這些動物安然過冬的經驗告訴我們，如果你的企業缺乏生命力和抵抗力，只知道生活在溫室中，遲早被凍死；如果你適應冬天的變化，掌握過冬的技巧，冬天會給你更強壯的機會。

當前，企業人都在研究如何過經濟「寒冬」的辦法。主要是在產品、資金、市場和團隊、資本等方面著手。例如，產品應適銷對路、物美價廉、具備充分的市場競爭能力；保證自己核心競爭力，在股權結構和資本運營方面如何更加依法合規、更加有利於企業發展等等。這些常規思維，固然有價值，卻過於一般化，更適用於理想的市場環境，未必能突破經濟危機中「動物精神」的根本困境。

其實，「解鈴還須繫鈴人」，要想戰勝「動物精神」，在經濟嚴冬下找到最合適的出路，不妨從仿生經濟學的視角出發，專門去向動物學習，找的適合自己的「越冬」方式：

你可以向北極狐學習，用創新來謀求發展。北極狐從魚骨頭得到啟示，發現了美味的鳥蛋，並且將這種方式一代傳一代，以便長久地生活在冰冷的北極。企業也應該如此，只有在技術、管理、體制各個方面創新，大膽地挖掘新思想、新動態、新客戶、新業務，才能避免被「凍死」的命運。

你可以減少各項費用和開支、全面壓縮經營管理的費用，降低決策成本，像一隻藏入洞穴中冬眠的動物，蟄伏起來，沉沉睡入夢中，憑藉最小的消耗，平安順利地熬過寒冬。

你可以學習昆蟲製造「防凍液」，降低體內液體冰點，從而提高抗寒能力。

你可以控制庫存，加快滯銷品促銷，減少不必要的工作流程，提高資金使用率。這種練好內功，做好管理的辦法，就像穿著保暖內衣的北極熊，在冰天雪地裡自由漫步。

你可以集中優勢兵力，打入自己認定的區域市場，打開產品銷路，就像那些不停遷徙的候鳥和角馬。

你還可以學習雪豹，吃掉任何可以發現的肉類，尋求快速、多元的融資管道。

可見，動物過冬的方法可謂「千奇百怪，各有所長」。當年日本經濟學家發現的螞蟻群體性特點，企業借鑒過來，結合日本文化創造出「家族化」管理思想和企業文化途徑，大大強化了企業對人才的核心凝聚力，從而誕生了許多生命力極強的公司。其實，企業可以從動物那裡學習的東西還有很多，又怎只是限於螞蟻？只有找到最適合自己的辦法，才能做到「適者生存」，真正渡過經濟的嚴冬。

編輯序
前言

第一章 寒流侵襲，經濟嚴冬真的來了！

法則1 嚴霜侵百草，蕭瑟寒冬至——經濟危機會週期性爆發 010
法則2 候鳥欲南遷，冷暖當自知——必須清醒地認識企業自身情況 013
法則3 不耐三冬冷，凍死不足奇——關門的都是脆弱商家 016
法則4 像北極熊一樣穿上保暖內衣——有備無患是抵禦嚴寒的基礎 020
法則5 向紫貂學習——僵硬中孕育復甦的火種 024

第二章 吹響防寒的號角，這個冬天企業該如何度過？

法則6 想起了寒號鳥的故事——短視的商家難走遠 032
法則7 忘了「繫扣子」的企鵝不怕冷——經營必備的常識不可少 036
法則8 揚子鱷曬太陽——高效靈活的應變機制 040
法則9 老虎跑步——要懂得什麼是最重要的 043
法則10 野鴨精神——勇於挑戰困難 047
法則11 以蜂后為中心——重視領導者的作用 052

第三章 學聰明的動物，準備過冬的棉衣

法則12 鳥雀換上厚羽毛——提前預備過冬的「防寒服」 060

Directory

法則13 兔子撞肚皮——競爭變激勵 064
法則14 喜鵲築巢——還需真功夫 068
法則15 海豹鑽孔——步步為盈利 074
法則16 狼式捕獵——主動出擊，打獵是最好防禦 078
法則17 雪豹冬天覓食——多元融資，聚集能量 082

第四章 學勤勞的動物，儲備過冬的糧食

法則18 家底要保留——趁著嚴寒聚攏人才 090
法則19 錢掙錢不犯難——提高資金使用率 094
法則20 手有餘糧才不慌——客戶也需要儲備 098
法則21 螞蟻儲糧與覓食——既節流，更開源 102
法則22 蜻蜓孵卵——迴避風險，暗渡陳倉 105

第五章 學勇敢的動物，不停地遷徙

法則23 燕子出國——走出去，尋找他鄉的經濟沃土 112
法則24 牛羚遠徙——跨區域經營拼的是實力 116
法則25 稚魚洄游——立足差異化市場 120
法則26 馴鹿南遷——放棄不賺錢產品 124
法則27 瓢蟲趨暖——放權小項目，調動企業靈活性 128

第六章　學最懶的動物，適時冬眠

法則28　入蟄選好時機——節約成本，逆境守和　136
法則29　蝙蝠倒掛——保證核心競爭力　140
法則30　冰蛇過冬——挖掘產品新用途　144
法則31　烏龜冬眠——透過抑制活動控制成本　148
法則32　母熊產崽——孕育新產品　152

第七章　學愛心的動物，養育蟲卵過冬

法則33　避債蛾的口袋——找棵大樹好乘涼　160
法則34　天牛的隧道——通向創新市場　163
法則35　蜣螂「推糞球」——有足夠的技術儲備才能走的更遠　167
法則36　負子蟲的天性——節約從財務分析範本入手　171
法則37　蜜蜂保護幼蟲——做強做好不做大　175

第八章　學智慧的動物，找一塊安全地帶

法則38　冰層下的生物世界——再冷的地方也有生機　184
法則39　溫暖的地方好過冬——盯緊政府購物券　188
法則40　怕光的鼴鼠——建立經濟根據地　192
法則41　留得青山才有柴——減少投資儲存能量　195

Directory

法則42 冬眠是個寶——無為而治並非無所做為 198

第九章 剩者為王的過冬精神

法則43 以生存為第一——利用資訊策略為企業瘦身 206
法則44 也可以對冬天毫不在乎——企業要有完善的應對措施 210
法則45 麻雀揀食——穩固與客戶的關係 214
法則46 做最後的勝利者——勇於淘汰以往的自己 218
法則47 變色龍偽裝——根據消費心理進行創新 222

第十章 嚴冬遲早過去，做好迎接春天的準備

法則48 春江水暖鴨先知——感知經濟春天來臨的訊息 228
法則49 不做啃草的兔子——善於累積和儲備軟實力 232
法則50 暖棚帶來的啟示——量力而行，提前復甦 236
法則51 蛹化成蝶——選擇合適的時機和環境 240
法則52 山雀喝奶——創造全新的盈利模式 244
法則53 冬眠的動物醒來了——擴張機會，實現兩個升級 248

第一章
寒流侵襲，經濟嚴冬真的來了！

法則1

嚴霜侵百草，蕭瑟寒冬至

——經濟危機會週期性爆發

「千里黃雲白日曛，北風吹雁雪紛紛。」一句古詩讓我們感覺到了秋去冬至的蕭瑟氣氛。人間降霜雪，經濟遇寒冬。二〇〇八年冬天，隨著大洋彼岸次貸危機的爆發，經濟風暴席捲全球，無數企業被迫關門倒閉，房市崩盤、股市癱瘓，企業家們無不驚呼：經濟嚴冬來了！

定義：什麼是經濟危機？

經濟嚴冬，是經濟危機的另一說法，指的是某個或多個國家地區，乃至全球性經濟，在較長一段時間內持續負增長，進而造成大規模經濟蕭條的現象。一八二五年英國第一次爆發經濟危機，此後這一現象成為週期性發作的經濟「疾患」，經常性危及全球。

經濟危機的週期性爆發，讓人聯想到一年四季更替，從春天孕育、夏秋生長、成熟，到收穫之後必然要面對嚴寒，經濟運行的規律也是如此。以本次經濟危機為例，很可以說明經濟嚴冬的特色。

美國的房地產業向來十分繁榮，市場運作快速高效。然而，繁榮的背後卻蘊藏著巨大的風險，這個風險來自超前消費。

【趣聞快讀】

一個中國老太太和一個美國老太太在天堂相遇。中國老太太說：「我存夠了三十年的錢，晚年終於買了一棟大房子。」美國老太太說：「我住了三十年的大房子，臨終前終於還清了全部貸款。」

美國老太太的觀念代表了美國的消費方式，當銀行等金融機構中的不良貸款越來越多，以致於影響到未來貸款行為時，銀行開始無力支付，人們對經濟前景變得憂心忡忡，於是投資減少，購買力下降，信貸危機一發而不可收拾。

少了銀行等金融機構支援，企業立刻感到緊張，產品銷量下滑，更加重銀行的擔憂，於是惡性循環，很多企業不得不裁員減薪，停止產品開發，壓縮開支，整個經濟界如同寒霜侵襲，落葉飄零般紛紛倒閉關門，繁榮不再，寒意瀰漫。

美國的金融業垮台，導致服務業尤其是虛擬經濟遭遇重創，進而影響各行各業，並且迅速波及其他國家。美國金融業在全球佔據龍頭地位，它是世界財富的衡量器，一旦失衡，世界經濟頓時陷入混亂之中。

「一夜北風緊」，經濟嚴冬就此降臨，來得如此迅猛，如此出人意料，如此殘酷，許多企業都沒有做好準備，只好倉促應對。但沒有掌握過冬的技巧的話，可能會凍死，或者在寒風中瑟瑟發抖，幾乎無人相信此時正是做強做大的機會，進而錯失良機。

怎麼辦？

冬天不可怕，無數動物們安然過冬的經驗告訴我們，如果你缺乏生命力和抵抗力，只知道生活在溫室中，遲早會被凍死；如果你適應冬天的變化，掌握過冬的技巧，冬天會給你更強壯的機會。

冬天不可怕，體弱的、本來有病的動物會死去，給更堅強、更健康的動物留出空間。如果你具備完善的產品、合理的管理，又有強烈的社會意識，一定會在嚴冬中挺住，並且迎來生機勃勃的春天。

一語珠璣

一隻蝴蝶在巴西輕拍翅膀，可以導致一個月後德克薩斯州的一場龍捲風。

——愛德華．羅倫茲

法則2 候鳥欲南遷，冷暖當自知

——必須清醒地認識企業自身情況

候鳥不遠萬里，來回奔波，定時遷徙，這是牠們多少年來的習性。牠們在一個地方孵育幼鳥，然後跋山涉水到達遠方，為的就是避寒。

金鷗鳥是擅長遠途遷徙的動物，牠們每年秋天從北冰洋開始起飛，一直飛到遙遠的阿根廷，路程達兩萬公里。這麼長距離的遷徙，這麼陌生的兩地環境，難道沒有更好的過冬辦法嗎？

毫無疑問，遷徙要消耗大量能量，不過一旦到了溫暖的地帶，牠們就會節約下大量用來調節體溫的能量。與之相較，定居北方的鳥類雖然不用消耗能量南飛，但牠們必須替換一身保暖羽毛。是準備過冬的衣服和取暖設備，還是到溫暖的地帶過冬較好？在兩者花費相等的情況下，該做出如何選擇？

實際上，一個重要的問題是候鳥不會長出濃密的羽毛，更缺乏過冬的糧食。沒有糧食，再暖和的地方也是死路一條。所以，讓可愛的燕子在寒冷的北方過冬，是不可能的。

該如何過冬？選擇適合自己的方式，是鳥類的經驗。在全球經濟危機形勢下，沒有誰可能做到獨善其身，不受影響，先清醒地認識自己過冬的方式，也許更有意義。

不少企業受到候鳥南遷影響，試圖「走出去」，到國外求發展。可是國外有沒有熱土？自己又儲備好了遷徙所需的能量嗎？

【案例分析】

二〇〇〇年，IBM找到聯想總裁柳傳志，提出收購計畫，被柳傳志一口回絕，原因很簡單，他認為聯想還沒有強大到駕馭IBM的能力。二〇〇三年，經過發展壯大，聯想認為自己有了足夠的實力和底氣，對行業有了充分把握，決定進軍海外「抄底」。其後，他們以楊元慶為首的八人團隊，包括中外雙方各四人，在多方進行磨合，基本完成二〇一〇年和平過渡的既定目標。

對於這典型的「蛇吞象」收購案例，柳傳志深有感觸：「走出去是必然的，其道路中流血也是必然的，關鍵是企業在走出去之前，對自己有沒有清醒的認識，少流血。」

每個企業都生存在一定環境下，所謂當局者迷旁觀者清，在當前經濟危機下，很多企業可能無法看清自己，無法理解全球性救市措施和政府刺激經濟政策對自己的作用。他們在逆勢而上與保存實力之間難以決斷。是逆勢而上，險中取勝，還是保守務實，但求生存？

以併購跨過企業為例，做出這樣的大動作，企業必須先找準自己的定位，看清自己的實力，能否具備「走出去」後適應新環境的能力，畢竟文化的交融、管理的磨合，需要付出大量精力和成本，這個路費交得起嗎？

建議打算遷移「取暖」的企業，先認清自己，盡量少花冤枉錢，不要遷徙不成，反而動了根基、傷了元氣，那就得不償失了。

企業不同，過冬的策略也有所輕重，你可以跨地域發展，他可能適合上、下游的鏈結式發展，我採取冬眠策略會更有用。「抬頭看天」，多去關注經濟形勢，瞭解風雲變幻，在危機臨近時，做出必要決斷，才不致於讓企業窒息而亡。

多數情況下，一家企業如果比較活躍，技術性變化較大，可是卻缺乏跳出圈外觀天下的本事，用不了兩、三年時間註定出問題。

另外，不管是戰略轉移還是財務投資，「走出去」都需要消耗能量，保證能量供給、保證適應新環境是第一位的。

怎麼辦？

如果你是一家規模較小的企業，沒有精力、意識去考察行業規律、企業方向等，最好先「做事」；如果你是一家具備一定規模，儲備一定能量的企業，適合「做市」；如果你是一家大企業，規模雄厚，能量充足，是該考慮「做勢」了。

一語珠璣

不知道並不可怕和有害。任何人都不可能什麼都知道，可怕的和有害的是不知道而偽裝知道。

——托爾斯泰

法則3 不耐三冬冷，凍死不足奇
——關門的都是脆弱商家

經濟嚴冬下，倒閉關門的企業接二連三，並非只是規模小的企業耐不住嚴寒，有些傳統的知名企業如Schiesser內褲廠、Rosenthal陶瓷廠也無法擺脫厄運，只好關門大吉。僅僅二〇〇八年底，人們就看到倒閉企業數直線上升，西歐各國多達十五萬家。其中西班牙和愛爾蘭簡直像推倒了骨牌般，倒閉企業成倍增加。二〇〇九年伊始，更多的企業加入關門行列，風起雲湧，倒閉潮流漫及全球，失業令人憂心忡忡。

與失控的經濟嚴冬相比，自然界有些動物卻保持著清醒的頭腦，依然過著秩序井然的日子，牠們似乎不為嚴寒所動。究竟什麼動物具有如此強大的本領呢？

答案出人意料：螞蟻。螞蟻雖小，卻有著超強的本領，牠們一年到頭不知辛苦地勞動，在冬天來臨之前，更是預先搬運雜草種子，為明年播種做準備；牠們還會將蚜蟲、飛蛾、甲殼蟲等的屍體，以及牠們的蟲卵，搬運到自己的洞巢內，在冬天找不到東西可吃時，就以之為食。

所以，每隻螞蟻都會安然過冬，不會為嚴寒凍死。牠們這種本領當然得益於良好的生理時鐘系統，因為按照生理時鐘運行規律做好了過冬準備，才有了令人羨慕的越冬能力。

經濟也有自己的運行規律，如果哪個企業如螞蟻一樣，遵循規律營運公司，也會獲得抵禦嚴寒的本領。綜觀那些紛紛倒閉的公司，你會發現他們無不與此有關。

(1)企業沒有重視科技發展，缺少創新產品和技術，失去活力，進而變得「體質」太差。

(2)企業不能順應自然發展規律，違反環保、經濟政策，使自己置身於不利環境中。

(3)管理跟不上，缺乏創新機制，防禦能力差，無法應變瞬息萬變的經濟變化，在嚴寒中更容易僵硬。

體質差、環境不利，加上沒有很好的禦寒措施，可以想像，這樣的動物肯定會第一批被寒風凍僵。關門的企業無不是管理太差、缺乏創新的結果，在這類企業中，生活用品類如衣服、鞋帽行業，成為首當其衝的倒閉者。

這是由於衣服、鞋帽等行業技術含量不高，也就造成創新不受重視，大家都靠模仿度日。你學我，我學你，模仿來模仿去，這樣做在溫暖如春的經濟環境中，顧客購買力較強時尚可生存，可是寒風一吹，人人看緊口袋過日子了，哪還有人肯為大家共同擁有的產品買單，結果，產品堆積如山，虧本都賣不出去，沒有了經濟來源，除了關門別無選擇。

【案例分析】

在第五十四屆美國總統大選中，兩個候選人布希與高爾得票數十分接近，難分仲伯。而關鍵時刻，佛羅里達州計票程序又引起了雙方的爭議，計票工作不得不暫時中止。諾博・斐特勒公司原計畫發行新千年總統紀念幣，但選舉結果的推遲公布，打亂了公司的計畫，面對總統難產的政治危機，突發靈感，想出一個化危機為商機的妙策。他們將早已準備好的布希與高爾的雕版像印在同一枚銀幣上，搶先發行了四千枚。不分正反面，一面是布希的肖像，一面是高爾的肖像，用純銀鑄造，直徑三吋半，每枚定價七十九美元。銀幣面市不久，就引起了人們收藏熱潮，很快四千枚銀幣銷售一空，諾博．斐特勒公司抓住了總統難產這一千載難逢的機會，大發了一筆政治財。

諾博．斐特勒公司危急關頭，勇於創新，抓住了一閃即逝的商機，取得了一次發展良機。所以，平時不肯動腦筋，不肯下力氣從創新、儲備方面著手，不為未來著想的企業，永遠沒有螞蟻的本事。

技術創新之外，管理創新是禦寒的保暖措施。一個體質再強壯的人，冬天赤裸著身子出門也會瑟瑟發抖。的確，有些企業為了壯大門面，走進去一派豪華氣派，員工也俯首貼耳，他們認為這就是管理恰當，就是實力雄厚。

【趣聞快讀】

一家公司請來一位非常有名的銷售總監，為了表示尊重人才，總裁為他配備單獨的房間，進行豪華裝修，並特地安裝最安全的門。總監走進來後，說了一句話：「這種『裝備』，還有人敢進來嗎？」

企業管理重在創新，重在內部形成強大的動力系統，能靈活機智地應對任何風吹草動，不給寒風留下縫隙。這個系統中人才是第一位的，如果哪個企業頻繁更換員工，不斷培訓新員工，這除了可以少支付薪水外，對人才儲備一無是處。如果企業沒有固定的管理程序，中層人員享有太多特殊權利，今天你彙報，明天我調動，很快就會搞亂一個企業。有些總裁自以為是，以「大亂大治」的政治手腕管理企業，無異於對牛彈琴，很快就會把好端端的企業送上斷頭台。還有，企業內部缺少溝通，以及溝通的條件，浪費了很多寶貴的意見、看法、資訊。資訊社會，如果資訊不暢，就會走上盲人摸象的路，不要說應對嚴冬，就是感知嚴冬也要比別人慢半拍，實在可怕。

怎麼辦？

企業倒閉原因重重，不過他們的故事一而再地提醒我們，可憐之人必有可恨之處，從自身找原因，做一隻勇敢聰明的螞蟻，從本質上武裝自我，不要做脆弱的可憐蟲。

一語珠璣

失敗是堅韌的最後考驗。

——俾斯麥

法則4

像北極熊一樣穿上保暖內衣

——有備無患是抵禦嚴寒的基礎

你聽說過北極熊的故事嗎？北極圈最寒冷的冰層上，北極熊悠閒地踱著步，以靈敏的嗅覺尋覓著海豹的蹤跡。當聞到海豹的氣息時，北極熊會急速地衝過去，抓捕獵物。

北極熊是北極圈內當之無愧的動物之王，牠們不但不怕寒冷，還特別喜歡嚴寒，擔憂氣溫變暖。是什麼賦予北極熊如此高強的耐寒本領呢？當然是那層厚厚的白皮毛。北極熊的白皮毛非常厚實，連耳朵、腳掌上都是如此，即便下水游泳，也不會弄濕自己的皮膚。厚厚的皮毛連著肌肉組織，當氣溫變化時，肌肉繃緊毛髮豎起，足以裹住空氣達到保暖目的。而且北極熊的毛結構複雜，中間是空心的，更增添了保溫隔熱效果，像極了我們今天普遍穿著的保暖內衣。保暖內衣貼身而穿，正是模仿北極熊的空心皮毛做出的新發明，增強了保暖效果。

【案例分析】

一九三九年，兩位年輕的美國人比爾・休利特和大衛・帕卡德，在加州帕洛阿爾托市愛迪生大街三六七號一間狹窄的車庫內，創辦了自己的公司，取名惠普。他們滿懷激情，憧憬著科技能帶來美好的未來，除此之外，他們什麼也沒有。

惠普就這樣簡單起步，融入洶湧澎湃的經濟大潮中。七十年中，它經歷二戰、經濟危機、行業衰退等等大事件，親眼目睹許多同行或同時代的企業接二連三地倒閉、轉行、退縮、停產。美國的企業生存率普遍不高，據統計，60％的公司撐不過五年，大中型企業的平均壽命不過三、四年光景。

惠普卻度過了一次次危機，並且一路凱歌不斷，在危機中發展壯大起來，創造了各種輝煌業績。二〇〇九年，新一輪經濟危機壓境下，它以「成本融沙，積沙成金」的商業用戶文印節省戰略，再次高調而自信地與嚴冬對抗，一舉登上美國《財富》雜誌二〇〇八年最受尊敬企業排行榜榜首。

惠普一次次安然過冬，並且稱雄業內乃至整個經濟界，與他們注重「保暖內衣」不無關係。多年來，他們強調「做自己有優勢的業務、以客戶需求為導向和一流的執行力」，堅持為客戶做自己可以做好的事情，從不為市場流行趨勢所動，去謀求短期利益。

穩紮穩打，是惠普成功的根本。不管在怎樣惡劣的環境下，他們都從管理上控制成本，執行上嚴格管控流程，發揮每位員工的優勢，保證體系中不出現大錯誤，進而順暢地發展下去。

練好內功，做好管理，就像穿上一件保暖內衣，是抗寒基礎。二〇〇九年，惠普提出「成本融沙，積沙成金」戰略，就是希望能夠在如此嚴峻的經濟環境下，幫助中小企業降低成本，減少資金壓力，為此而推出了新的印表機產品組合與方案。此戰略一方面為顧客著想，為他們節約30～50％成本和能源消耗，另一方面便於惠普去發掘客戶深層次的需求，是雙方溝通的絕佳機會。

與惠普相似，起步較低，發展卻很順暢甚至突飛猛進的公司還有一家：安麗。提起安麗，其直銷模式家喻戶曉，從業者成千上萬。

一九五九年，理查．狄維士和傑．溫安洛在美國密歇根州亞達城自家地下室，創建了安麗公司，當時他們只有五個人，辦公面積不過兩百多平方公尺，最有趣的是產品，乃是一款清潔劑。除此之外，別無他物。

同樣地，安麗也經歷了各式各樣的市場危機，特別是一度受到打擊的直銷模式，幾乎將其扼殺。然而，安麗秉承一個觀念：「不管是在外部經濟條件好的情況，還是不好的情況下，我們都會堅守企業的基本價值觀，然後採取靈活策略度過難關。」風風雨雨五十年來，安麗面對著太多需要改變的東西，比如在不同區域、不同時間推出不同產品或不同行銷策略等。可是他們沒有變，而是紮根於自己的價值觀上，一如既往地以優質產品、真心服務、尊重對手為出發點，贏得了前所未有的輝煌。在當今經濟嚴冬下，安麗更是以「點亮二〇〇九」為口號，醒目地表明自己的立場，與經濟學家們高唱的「裁員、減薪、抱團取暖」等過冬措施相比，更加自信，更加有力。

怎麼辦？

練好內功最關鍵。知道稱霸北極的北極熊嗎？厚厚的皮毛讓牠無敵於天下。然而，如果牠只顧眼前利益，也會將自己送上斷頭台。

原來，北極熊嗜血如命，聞到血腥味就會不顧一切地舔舐。愛斯基摩人抓住了這一特點，將海豹的血倒進水桶，插上匕首，在嚴寒中很快凍成一個超級大冰棒。然後，他們將這根大冰棒扔到雪地

上。這時，北極熊聞腥而動，很快找到血冰棒，並且不住地用舌頭舔舐。不一會兒，北極熊的舌頭麻痺，卻依然舔舐著。忽然，血的味道變了，更加新鮮，更加溫熱，於是北極熊更加起勁，卻渾然不知這是牠的舌頭舔到匕首時，被刺破流出的鮮血。結果，北極熊在興奮的舔舐中血流不止，最後失血昏厥。愛斯基摩人輕鬆地走上前，不費吹灰之力捕獲北極之王。

從北極熊的故事中，我們可以得到教訓，打好基礎，擁有一件保暖內衣很重要，不要因為懼怕寒冷而拒絕嚴冬；也不能因為有了保暖內衣，就無所顧忌，忘記了競爭的激烈和市場時時刻刻都潛藏著的巨大風險，稍微大意，就可能像北極熊舔「冰棍」一樣，把自己置於危險之中。

一語珠璣

多樣化會使人觀點新鮮，而過於長時間鑽研一個狹窄的領域，則易使人愚蠢。

——貝弗里奇

法則5 向紫貂學習

——僵硬中孕育復甦的火種

俗話說：「東北有三寶：人參、貂皮、烏拉草。」貂皮來自珍貴的動物——紫貂。紫貂外形很像黃鼠狼，皮毛烏光透亮，柔軟美觀，聞名於世。不過紫貂可不是依靠皮毛過冬的動物，生活在寒冷的東北地帶，牠擁有更為出名的「過日子」本領。

紫貂很會「持家」，不像一般動物那樣，隨隨便便在土洞或石頭下鋪些野草、毛髮就能安家。牠很細心、很講究，有一個完整高級的「公寓」。在公寓裡，紫貂精心地佈置了「臥室」、「儲藏室」、「廁所」，如此精巧的套間設計，使牠可以將各種食物保存起來，不管是鳥、兔、魚等肉食，還是蘑菇、野果等素菜，豐富多樣，應有盡有。

最為人所稱道的是，紫貂有一手晾曬食物防止腐敗的絕活。牠會將各種獵物懸掛在高高的樹枝上，讓其慢慢風乾，再予以儲藏，留著冬天食物匱乏之時，拿出來填補空缺。在北國大地，萬里雪飄，想在茫茫雪地上尋覓一星半點食物都是很難的。紫貂吃著風乾的食物，在自己溫暖的「公寓」裡，可以安然過冬，那些平日沒有準備的動物，則只能餓得哀哭嚎叫，苦度時光，或被活活餓死、凍死。

「早起的鳥兒有蟲吃」，聯想當下經濟嚴冬，有多少企業做到了紫貂的未雨綢繆？從本質上說，經濟危機就是經濟泡沫破裂，就是經濟週期的冬天時節。這個時節遲早會來到，做為政府也好，公司也好，所做的努力並非拒絕冬天來臨，而是如何準備過冬。

美國次貸危機，是房地產泡沫破裂的典型代表，葛林斯潘的一句「我錯了」，是對金融衍生泡沫無限膨脹，不加控制的深刻反省。經濟冬天到了，世界各國、各公司都在採取措施，拼命抵制，以圖刺激經濟，防止泡沫破裂。然而，事實面前，像那些沒有準備的動物很難在茫茫雪原找到多少可吃的食物一樣，這時的努力幾近白費。國際五大投資銀行連續垮了三家，剩下的兩家重創在身，氣喘吁吁；微軟被迫裁員，縮小開支；日本各大公司拉響警報；冰島國家面臨破產……

我們不妨從紫貂那裡學習經驗，制訂切實可行的策略。

一、即時補充現金流

對一家企業來說，現金是整個公司系統的血液。企業可以負債，卻照樣經營，如果沒有了現金，就只能破產。這就像紫貂準備的食物，食物沒了，也就難以生存。如何保證現金流動性，不斷地有「食物」可取，是防止挨餓的關鍵。

(1)加速資金流動，特別是庫存物資、各種帳款，是危機中抗擊風險的有力武器。

生產型企業中，資產負債表中的流動資產佔較大份量，其中庫存物資又佔據一大塊，這一大塊既有成品、半成品，也有各種原物料等等，如果能夠將這一大塊進行有效運用，兌現成現金，豈不是紫貂儲備的「風乾食物」，會提供很長時間需求？

各種帳款包括兩部分，應收的和應付的。不少企業存在銷售業績不錯，經營卻屢屢艱難的境況，原因之一就是應收的錢財收不回來。收不回錢，等於白費工夫，拿什麼養活員工和企業？遇到這種情況，最好的辦法就是優化銷售系統：①淘汰信譽差的客戶，多與信譽高的客戶做生意；②回收貨款時，採取優惠、激勵政策，鼓勵客戶即時交錢；③採用貨物對沖、資產對沖等方法，實現資金流動。當然，具體操作中方法還有很多，但要注意：像紫貂一樣，將手裡的食物多拿出去晾晾曬曬，不要讓牠們腐敗壞掉，是企業中減少壞帳、呆帳，促進現金流動的一個好辦法。

⑵閒置資產、固定資產，是提供現金的好後台。

提高固定資產使用率，將閒置資產盡量有效運用，都會帶來很大數目的現金，如何做到這一點？靠的是企業敏銳的商業頭腦。紫貂就具備這一能力，儘管牠儲備了食物，可是閒暇時偶爾外出，牠也會選擇那些既到嘴邊的食物做補充。比如一隻為饑渴在雪地上奔波的野兔，很可能會成為牠一頓美妙的晚餐。

二、穩中求勝，不要急於擴張。

一般來說，經濟危機到來之前都有一段高速增長期，這次危機爆發前，全球經濟喜人，國際化、企業兼併、資本運作等等經濟符號層出不窮，迷人耳目。這讓人想到一年之中最為豐盛的秋天。秋季是成熟的季節，百果豐收，萬物熟透，幾乎使人沒有空閒去想像寒冬是什麼樣子。可是，寒風一吹，冬天說來就來了。這時，那些擴張的項目只好擱淺，那些原本熱門的明星業務突然死亡，企業不知不覺陷入蕭條之中。

因此，在極度繁榮之時，企業必須頭腦清醒，避免過度擴張業務，盡量捨棄風險與收益不對稱的項目決策。波士頓矩陣分析法認為：經濟高速增長期，企業往往注重開發明星業務，卻忽視現金牛業務；可是一旦經濟衰退發生，現金牛業務立刻轉為經營核心。這種經濟規律要求企業在危機時，必須轉變經營思路，以現金牛業務為先，維持現有市場規模，並滲透其中，開發具有活力的新市場；並且加速現金牛業務流程，減少沒有價值的環節支出，也就是降低成本、提高效益。

三、壓縮部分業務，提高競爭能力。

生存是企業的先決條件，嚴冬時節，為了生存捨棄部分利益，減少能量消耗，是必不可少的手段。就如聰明的紫貂不僅有溫暖的「公寓」，充足的食物，還盡量減少外出活動，避免不必要的能量損耗。

⑴對於企業來說，減少消耗除了降低成本外，還要認清自己的產品結構，淘汰部分產品。美國波士頓諮詢公司的產品結構組合分析法認為，一般企業的產品結構如下：

明星產品（新增長盈利的產品） 問題產品（屬衰退的產品）

現金母牛（資金流量大，保證公司運轉產品） 瘦狗產品（已過成熟期的產品）

最佳產品組合是：「問題產品」必須迅速淘汰，「明星產品」應該儘快轉化為「現金母牛」，而已有的「現金母牛」必須全力保護，不受任何衝擊，至於「瘦狗產品」，也不是一棍子打死，而要適當保留。原因在於「瘦狗產品」是「現金母牛」的擋火牆，在價格戰中可以發揮攻擊對手，保護「現金母牛」的作用。

(2)能夠度過嚴冬的動物，都有很強的競爭力；能夠度過危機的企業，也有自身的競爭優勢。邁克爾．波特的企業內部價值鏈模型告訴我們，企業從技術研發、採購、營運、行銷一系列方面存在競爭性。如果在每個環節提高優勢，像紫貂建構「公寓」，採取合理、科學的分配方式，留出充足的生活空間，勢必增強對抗危機的能力。

四、透過戰略聯盟，達到取暖效果。

「取暖」是手段，生存是目的，在寒風中抱成一團會更暖和。企業間透過聯盟度過難關已是常見的事情。他們會透過供求關係實現聯盟，或者透過行業內部整合實現聯盟，不管哪種聯盟，大家形成一個整體，共用資源和能力，分擔風險，會以更強大的合力抵制危機。建立供求聯盟，可以有效地組織生產運作，使供應體系迅捷，進而減少庫存成本，加快現金流動。世界上許多優秀企業都是採取這種形式，在經濟增長期可以獲得更多利益分配；在經濟危機來臨時，會降低風險，更加穩定。

還有些企業喜歡專業聯盟，比如資本所有者提供資本、專業所有者提供技術、管理諮詢公司提供管理方案等等，這是一種更廣範圍的社會分工，會極大提高運作效率。進而明顯地發揮個人優勢，降低各環節成本。

不要以為紫貂沒有聯盟意識，牠在儲備過冬食物時，早就與食物鏈上的各色動物形成默契。不然，形體小巧的紫貂何以在寒冷的東北森林中立足腳跟？

怎麼辦？

「不謀全局者，不足謀一隅；不謀一世者，不足謀一時。」危機當前，企業除了把握自身行業、自身資源等動態外，需要從全局觀環境、整體經濟形勢去分析、去想辦法、去尋找更多、更好的過冬策略。

一語珠璣

當你做成功一件事，千萬不要等待著享受榮譽，應該再做那些需要的事。——巴斯德

第二章
吹響防寒的號角，這個冬天企業該如何度過？

法則6 想起了寒號鳥的故事

——短視的商家難走遠

面對著經濟嚴冬下紛紛亮起「關門大吉」牌子，或者拼命裁員減薪、以求降低成本、艱難度日的各行企業，不禁讓人想起寒號鳥的故事。

【趣聞快讀】

寒號鳥的窩在石崖的縫隙中，對面樹上住著喜鵲。秋風吹過，喜鵲開始到處尋找落葉枯枝，忙著壘巢過冬。寒號鳥看到喜鵲如此辛苦，不以為然，依舊每天飛出去玩樂，回家倒頭大睡。喜鵲好心地勸說寒號鳥：「不要睡了，趁著天氣好快築窩吧！」寒號鳥不聽勸告，還嚷道：「吵什麼，這麼暖和的天氣，正好睡覺。」

就這樣，冬天悄然來臨，北風怒號，喜鵲住在溫暖的窩裡，寒號鳥躲在崖縫裡受不了了，凍得直打哆嗦，不住地啼叫，想著天亮了趕緊壘窩。可是第二天太陽出來了，風停了，又一副暖洋洋的景象。寒號鳥覺得十分愜意，早忘了壘窩的事，伸著懶腰很快進入夢鄉。

轉眼間，冰天雪地，寒號鳥的窩裡冷得像冰窖。晚上，喜鵲在溫暖的窩裡聽到寒號鳥的哀鳴。第二天，牠站在枝頭呼喚鄰居時，可憐的寒號鳥已在半夜凍死了。

人人都知道，寒號鳥是因為太懶惰了，所以被凍死。牠為什麼會如此懶惰呢？原因很簡單，缺乏危機意識，只圖享受眼前陽光，過於短視。

短視是企業管理的大忌。看看古今中外那些倒閉的企業吧！從赫赫有名、有著兩百多年歷史的巴林銀行，到剛剛起步，就以勾兌假酒垮台的秦池集團，哪個不被短視送上斷頭台？

「速度」時代，讓太多企業家染上「短視」的毛病。目前，企業升級是比較熱門的話題，可是有多少人把產業結構調整放到了企業規劃之中？他們大多只顧眼前利益，在效益好的時候，不去考慮產業本身的研發、不去加強核心競爭力。而是忙著進入看似暴利的行業，像房地產、娛樂等等。在這種思路指導下，企業只有走上寒號鳥的歸宿：不在溫暖時壘窩，就在嚴寒中凍死。

所以，「吃一塹長一智」，從危機中應該明白，企業發展必須有長遠的目光，「遠見卓識」才是經營企業的方向。那麼應對危機的「遠視」策略都有哪些呢？

一、危機意識不可少。

優秀的企業不能只看自身的光環，還要從長遠的角度與銀行、商家去溝通，做好財務、員工各方面管理工作。海爾總裁張瑞敏說：「海爾注重問題管理而非危機管理模式，就是把企業出現的任何危機問題消滅在萌芽階段。」

一般來說，隨著企業規模擴大，公司會遇到越來越多問題，比如經營危機、信用危機等等，如果不能樹立危機意識，在某一環節稍有失誤或失職，都可能將整個公司拖入危機。

倫敦證券交易所明確規定：上市公司必須建立危機公關管理制度，並定期提交報告。這一規定讓我們看到危機意識的重要性。另外，在美國有五千名專業的危機管理人員、上百家獨立的危機管理諮詢公司，也充分體現危機管理的必要。

二、危機當前，需要具備快速反應的能力。

將危機扼殺在搖籃中，是最好的應對措施，具備遠視目光的企業很會掌握此一規律。百事可樂的飲料罐中發現了注射器，這事件引起轟動，人們對此議論紛紛，指責聲此起彼伏。針對此，百事可樂公司迅速採取措施，向公眾演示軟性飲料生產流程，進而讓大眾看到任何異物都不可能在生產過程中加進包裝罐裡。這些異物只可能是由購買者放進去的。結果，喧鬧結束，人們更加信任百事可樂。

現實中的無數案例證明，多披露比多掩蓋好，面對危機比躲避危機好。

三、學會從危機中抓機遇。

危機也是機會，如何變被動挨打為主動進取，是危機轉化的關鍵。誰都要經歷冬天，喜鵲可以安然過冬，是因為牠直面寒冷，並且抓住秋風掃落葉的機會，弄到很多枝葉，建構了溫暖的巢。

危險和機遇往往是一個問題的兩面，喜鵲和寒號鳥的經驗告訴我們：危險來自於外部，結果卻取決於內部。

怎麼辦？

企業家們需要長遠的目光，用更加具有遠見的方式來經營企業。當然，這離不開經歷、經驗、規範和企業精神，以及對企業文化、國家文化更多地瞭解，只有這樣，才能更好地經營企業，避免在危機中「凍死」。

一語珠璣

企業家都應當像認識到死亡和納稅難以避免一樣，必須為危機做好計畫：知道自己準備好之後的力量，才能與命運周旋。

——史蒂文．芬克

法則7

忘了「繫扣子」的企鵝不怕冷

——經營必備的常識不可少

長遠的目光讓企業擁有過冬的心理準備，然而僅有心理準備還不夠，懂得如何武裝自我，具備抵禦寒冷的武器必不可少。

在地球上最寒冷的北極和南極，依然生活著好多動物。特別是可愛的企鵝，成群地生活在最寒冷的南極洲，可是牠們「穿件大大黑褂子，出門忘了繫扣子，露著白白大肚子」。

在地凍天寒的南極，為什麼穿件褂子都「忘了繫扣子」，難道企鵝們真的不怕冷嗎？原來，企鵝的皮下存了很厚的脂肪，看似光溜溜的身體表面又長了細細密密的羽毛，極其暖和。不僅如此，企鵝們還有很強烈的過冬意識，在嚴寒肆虐的冬季會緊緊地擠在一起，靠此取暖。

企鵝們擁有多項過冬的武器，因此能夠快樂地生活在南極洲。在北極，動物也有自己過冬的竅門，聽說過一隻北極狐狸的故事嗎？

【趣聞快讀】

一隻北極狐狸餓極了，從雪地裡鑽出來到處找吃的。潔白的毛皮掩飾下，牠幾乎融進了茫茫雪原裡。可是牠找了一整天卻什麼也沒找到，天氣太冷了，小動物都藏起來不見了。狐狸餓得肚子咕咕叫，再找不到吃的就要餓暈了。忽然，牠眼前一亮，想起爺爺在世時說過：「在海邊岩石下，放著魚骨頭的地方下面有吃的。」這是真的嗎？來不及細想，狐狸朝著海邊狂奔。很快，牠在岩石下找到了魚骨頭，於是拼命挖呀挖。哇！奇蹟出現了，地下露出一堆海鳥蛋！這一定是爺爺在夏天時儲藏的，那時食物好多啊！想到這裡，狐狸一邊吃鳥蛋一邊想，我也要學習爺爺，多儲存食物，以備無患。

動物們過冬的本領真是太奇妙了，可謂「千奇百怪，各有所長」。對於企業來說，經營必備可以從以下幾方面考慮。

一、誠信是經營的基礎。

君子一諾值千金，「信」是做人做事做企業的根本，是最大的無形資產，沒有誠信的口碑和品牌，企業是難以長久立足的。看過《企鵝寶貝》這部影片嗎？冬天，在一片冰川、荒涼孤寂的南極洲上，不畏寒冷的國王企鵝爸爸們緊緊地圍成團，將蛋孵在腳掌上保持體溫。牠們連續四個月不能覓食，僅靠儲存的能量維持生命，直到遠方覓食的企鵝媽媽回來，這時，幼企鵝孵出，一家人開始了歡天喜地的新生活。如果企鵝媽媽中途出了事故，不能回歸，這個企鵝家庭得不到食物補給，那麼幼企鵝會喪失生存的機會。

可見，國王企鵝依靠如此忠貞、如此堅強的品質、毅力和彼此之間的誠信，才得以繁衍後代，延續種族。

二、創新是發展之路。

北極狐狸是善於創新的動物，牠們從魚骨頭得到啟示，發現了美味的鳥蛋，並且將這種方式一代傳一代，使牠們可以長久地生活在冰冷的北極。企業如果缺乏敏銳的創新能力，在技術、管理、體制各個方面墨守成規，不去大膽地挖掘新思想、新動態、新客戶、新業務，很快就會僵硬，冬天一到，只有被凍死在茫茫雪地上。

【案例分析】

富安公司是一家小型房地產企業，在多年的經營過程中，他們沒有縮手縮腳，而是大膽改革經營思路，從不沉迷於單一的產業模式，連續涉足園林綠化、市政工程施工等多種相關產業，結果不僅增加利潤收入，還擴展了業務範圍，提高了公司信譽。在擴展業務的同時，公司又創新地吸收多種資金入股，轉變經營模式，進而改變單調的經營方式，使得經營更加靈活、競爭力也更強。在經濟危機面前，與那些單一房地產業公司比較，富安的抗打擊能力明顯較強。

三、善於把握機遇。

企業發展是連續性的，會不斷遇到各式各樣問題，這就是企業的機遇。當冬天來臨時，有些動物勇敢地把握時機，國王企鵝們正是放棄了較為溫暖的南極洲北部地方，遠遷到南部更寒冷、卻更安全的地帶孵蛋、育雛。要是不能做出這一決定，在溫暖的北部地方，牠們會面臨海豹等多種動物偷襲，種族繁衍更加困難。冬天是一個機會，關鍵看你如何對待。

四、多儲備、少浪費，從教訓中獲取經驗。

北極狐狸從爺爺那裡獲得了生存的機會，企業在長期生存過程中，多從前輩、同行那裡汲取經驗教訓，無疑是過冬的良策。

五、價值觀會決定企業走多遠。如果以財富累積為企業目的、為企業的價值觀，那麼這種企業不能走很遠；如果將價值觀定位在社會效益、人才戰略等方面，企業的進步會更長遠。企業的最終目的是為社會、為顧客、為員工服務，這種高層的境界並非虛而不實，而是體現在細枝末節中，成為企業最具競爭力的核心。如百事可樂為了突出「新一代」特色，在品牌代言人的選擇、廣告形象上，都做了精心策劃，確立了品牌地位。

總之，企業從無到有，從有到大，是非常不容易的。無論走到哪一步，如果記不住「富不過三代」這句古訓，放鬆思想，懈怠做事，不把精力放到發展中去，總免不了吃苦頭。

怎麼辦？

實施目標管理，不管是淡季還是旺季，目標是激勵進步的有效手段；沒有目標，猶如黑夜行船，會有觸礁的危險。

培養團隊精神，創造積極的工作氛圍，離開團隊，任何強壯的個體都顯得形單影隻。

永遠學習，是每位員工的必修課；二十一世紀，不懂得學習就是退步，是文盲。

創新開拓的企業精神，是唯一不變的主題，是企業快速前進的保障。

一語珠璣

一位有資格的管理者總是能夠——明確外界的各種限制因素，並對此採取相對的管理方法和技術，進而對一個社會的經濟發展大顯身手。

——哈樂德．孔茲

法則8 揚子鱷曬太陽

——高效靈活的應變機制

要是你有時間觀察一隻揚子鱷，一定會為牠一年四季從早到晚趴在岸邊曬太陽的舉動吸引。牠那麼有耐心，那麼喜歡陽光，以致於曬太陽成為牠活動的主要部分。真是好奇又好笑啊，難道一生要在曬太陽中度過？

「變溫」、「冷血」，這都不是些順耳的稱呼，讓人感到冰冷，感到不舒服。揚子鱷最喜歡的溫度是30～33℃，可是天氣變幻莫測，哪能天天保持這種溫度呢？為此，在氣溫較低時，揚子鱷只好全身趴在岸邊曬太陽。等到曬暖和了，牠再鑽進水裡去涼快。要是炎炎夏日，牠乾脆躲在水裡不出來。透過在冷、暖之間來回移動，揚子鱷維持了自己最適宜的體溫，牠既不用消耗能量，也不用遠途遷徙，就可以忍受長時間的寒冷。

變溫動物的應變能力為企業提供了過冬的思索方向：如果適應天氣變化，改變產品結構，推出嚴冬市場需求的產品，會不會更容易生存？

一、市場低迷，造成太多的產品滯銷，一味地促銷已不可能挽回頹勢；如果將品牌產品降價，更會嚴重損害公司形象。

【趣聞快讀】

聽說過大富豪摩根的故事嗎？他年輕時帶著妻子一起闖蕩美國。那時他們是一對窮光蛋，為了生存，只好開雜貨店賣雞蛋。摩根和妻子輪流為顧客服務，有意思的是，每當摩根賣雞蛋時，顧客都會抱怨：「哎呀，雞蛋怎麼這麼小啊！」可是一旦摩根的妻子為顧客拾雞蛋時，顧客從來沒有這樣的抱怨，一個個都非常高興。這是什麼原因？愛動腦的摩根決定一探究竟，於是妻子賣雞蛋時，他就站在一邊觀察。很快他就找到原因，原來摩根的手又大又粗，拿雞蛋時，相形之下，雞蛋就顯得特別小；而他妻子的手纖細，雞蛋放上面，就沒有那麼明顯的小。這種視覺差距造成了不同的結果。

放在不同的手中，顧客看到了不一樣的「雞蛋」，這種思路與替代產品相比，有著異曲同工之妙。企業如果儘快調整產品結構，推出符合危機下市場消費者需求的產品，肯定會產生明顯比對。與原產品相比，價格低、實用性強，是這種產品的必要特色。

二、細分目標市場，從大眾消費專為小眾消費，也是產品結構改變的方法之一。持續的、普受大眾歡迎的產品可能越來越少，滿足少數人需求，或者適合部分人消費的產品依然很多，如果豐富產品品種，強調實用性，會增加市場受眾。

三、回歸理性，保持專業化領先地位。

在危機之前，企業往往經歷了一段經濟快速發展期，這種時期企業採取的很多擴張策略，會讓企業陷入現金流動不暢、泡沫風險過大的危險中。因此退出部分產業，發揚企業本身特長，會更務實有用。比如本來從事生產的企業，如果涉足了不甚熟練的金融領域、房地產業等，這個時期需要放棄這些產業，專心生產；同時做國內、國際市場的企業，可以適當放棄國外市場，將資源配置重點放在國內市場上，充分調動國內需求等等。

四、將危機變為研發的時機。

經濟處於低谷時，為科研開發留出了大量時間、人力，如果抓住這一時機，投入新科技、新產品開發中，會在危機下推出很多產品、技術儲備，為未來競爭打下基礎。揚子鱷能夠不動聲色抵禦冷天氣，不就是在寒冷的環境中悄無聲息地曬太陽汲取熱能嗎？

怎麼辦？

多數企業在發展過程中，並不具備重大技術突破能力，特別是原始創新、引進創新等方面相對薄弱，而危機來臨時，給企業創造了整合相關配套技術的機會，也就為取得整體技術優勢提供可能。

一語珠璣

企業的經營，不能只站在單純的一個角度去看，而要從各個角度分析、觀察才行。

——藤田

法則9
老虎跑步
——要懂得什麼是最重要的

大千世界無奇不有，你肯定沒聽過下面這些動物的故事。老虎是森林之王，很少有人去猜測牠如何過冬，因為牠太強大了，還有著厚厚的皮毛，難道還怕冬天？然而出人意料，老虎也怕冬天，也會感覺寒冷。那麼牠是如何對付嚴寒呢？說起來有趣，老虎的辦法很簡單，那就是來回不停地奔跑。牠專注於奔跑，連身邊跑過去的兔子都不看一眼，直到渾身暖烘烘的才停下。

與老虎一樣，動物中的智者「大猩猩」過冬取暖的方法也很好笑，當嚴寒凍得牠受不了時，牠會跑到陽光充足的地方，搬起一塊大石頭來回走，直到大汗淋淋。

老虎和大猩猩，一個以強壯稱雄森林，一個以高智商聞名於世，牠們就像是企業中的強大品牌，具有較強的抗風險能力。對於老虎和大猩猩來說，普通風險是奈何不了牠們的，一家著名的國際大公司，如可口可樂、SONY，也不會因為風吹草動就垮台。然而，他們有著共同的特點：在嚴冬時節，照樣感覺到寒冷，而且害怕寒冷。

所謂品牌，所謂大公司，毫無疑問是行業中的主導者、推動者，是產品和企業的身分符號。換句話說，消費者會以品牌確定自己的文化、價值需求，是非常重要的身分表現。人們往往會根據一個人的穿著判斷他的社會地位，這就是品牌最普通、最普遍的意義。

品牌如何過冬？我們不妨去看看歐洲奢侈品品牌的行動策略。進入二〇〇九年，他們不約而同拿出更多的資金、精力進行各項策劃活動，Yves Saint Laurent的首席執行官說：「有錢人還是很多的，不過我們要換個方式跟他們溝通……要和他們建立起一種面對面的直接關聯，而不僅僅是每季郵寄一份商品目錄而已。」

品牌也被迫採取了禦寒手段，他們更強調店面的作用，希望將更多客戶迎進自己的店鋪。因為經濟蕭條時，人們更喜歡在店鋪做出決定。

【案例分析】

二〇〇九年，歐洲時裝界不謀而合將行銷重點撤回店鋪內。Hermès在世界每個店鋪中舉辦各類展覽、雞尾酒會，並推出特別版產品介紹會。有趣的是，他們為了吸引顧客注意，請人為與會者講解各種絲巾的佩戴方法，美其名曰「絲巾品鑑會」，這個活動一直很受歡迎，成為公司特色之一。

店鋪是一面鏡子，客人們在這裡會真正享受、體驗到品味和創意帶來的樂趣。Jil Sander為了吸引年輕顧客，在德國的漢堡舉辦了一場小型時裝秀和雞尾酒會，整個場地僅容納兩百五十人。這麼小的場面，反而激發了顧客的強烈欲望，幾天後光顧漢堡旗艦店的顧客明顯增加。

在中國的上海，奢侈品公司也很注意與顧客面對面溝通，Ferragamo店鋪就是這方面的代表，每次換季都會舉辦一次預覽儀式。這個儀式非常簡單，以下午茶的方式進行，受邀者人數很少，是在消費者名單上排名二十位的顧客。活動規模小，也不邀請媒體，更自由、隨便地溝通。

一對一的銷售模式，讓顧客體會到區別對待的優越心理，這些顧客是支持品牌的重要支柱。除了維持品牌外，這種行銷模式還讓企業節省開支，諸如Kelly包，Hermès採取預定形式，不少時候，顧客要等上一年多才能拿到貨。這豈不是省去積壓存貨的風險，又增添品牌的尊貴魅力？

品牌企業看似簡單的「過冬」模式，卻起了良好的禦寒效果，這與跑步的老虎、搬石頭的大猩猩何其相似？

在簡單的店鋪溝通之外，任何品牌都有自己獨特的文化特色，這也是其成為品牌的標誌。在經濟蕭條時，他們會更注意在文化上做文章。

【案例分析】

看過《盧貝松之搶救地球》這部紀錄片嗎？它由著名航空攝影家拍攝，帶領觀眾們環繞地球，領略風光旖旎的各地景色，不管是溪水潺潺的山野，還是高樓聳立的都市，一切盡收眼底。可是觀賞之際你是否聯想到近年來最為熱門的話題——「環保」？環保是全球矚目的問題，品牌企業如果打好這張牌，無疑為自己贏得更多掌聲和金錢。實際上，《盧貝松之搶救地球》這部片子正是YSL所屬的PPR集團為二〇〇九年世界環境日特別拍攝的，藉此推出特別產品，提高公司形象。

在人們逐漸對「紅酒加乳酪」的酒會太過熟悉時，變幻招數與慈善事業、文化活動、明星、時尚運動結合，都是品牌企業的「過冬」之術。從只對VIP會員開放的新款，到各種限量版款式、與藝術家合作產品，無不突出品牌強大的文化基礎。

怎麼辦？

做為品牌企業，借鑑店鋪、宣揚文化，也許是早就熟悉且付諸於行動的舉措。問題是嚴冬下，如何創造更多顧客？德魯克有句名言：「企業的首先使命就是創造顧客，除此之外，沒有其他。」品牌也不例外，儘管人人視之為行業領先者，但他從創立之初，就該明白三個問題：我是誰？我希望做什麼？我如何實現它？問題很簡單，答案卻很多，也很複雜。如果你能聚焦於消費者的特定價值，並持續不斷地以偉大產品滿足需求，你就是真正的品牌。像老虎一樣，可以在跑步取暖時忽視身邊的兔子，但永遠是森林之王。

一語珠璣

假如人在一生中偏愛的是第二優，那麼他達到的也將是第二優的目標。

——約翰・甘迺迪

法則10

野鴨精神

——勇於挑戰困難

丹麥哲學家歌爾科加德說過這樣一句話：「野鴨或許能被人馴服，但是一旦被馴服，野鴨就失去了牠的野性，再也無法海闊天空的自由飛翔了。」這句話看似簡單，卻道出了很多道理。野鴨是典型的水鳥，「野性」十足，具有超強的適應能力和飛翔本領，能夠生活在零下25～40℃的環境中，還能較長距離飛行。對牠們來說，越冬顯得並不困難，牠們生存的地域如此寬闊，從北部的內蒙飛到長江中下游，就可以群居越冬。

野鴨這種「野性」精神，受到經濟界人士廣泛關注。美國IBM公司總裁小湯瑪斯．沃森對此格外欣賞，將歌爾科加德說過的話總結成了「野鴨精神」，他說：「對於重用那些我並不喜歡卻有真才實學的人，我從不猶豫。然而重用那些圍在你身邊盡說恭維話，喜歡與你一起去假日垂釣的人，是一種莫大的錯誤。與此相比，我尋找的卻是那些個性強烈、不拘小節，以及直言不諱似乎令人不快的人。如果你能在你的周圍發掘許多這樣的人，並能耐心聽取他們的意見，那你的工作就會處處順利。」

「野鴨精神」為企業過冬的人才戰略提供了很好的方向。說白了，「野鴨精神」與當下流行的創新，有著異曲同工之妙，沃森也是將此進行了同等對待。我們從IBM的用人戰略中可見一斑。在IBM，公司採取各式各樣的措施鼓勵員工發明創造，進而不斷地開發出新產品，在世界市場取得制勝權。

【案例分析】

日本企業向來以注重創新聞名，有家造紙廠每天都要處理大量廢液，專家們提出的技術性的提高爐溫、烘乾、加燃油燃燒之方式，試過都沒效。結果在一次員工頭腦創意活動中，一位普通員工提出了聽起來像「胡說八道」的創意建議：摻沙子混入廢液，從下方噴入空氣，使之燃燒。但廠裡還是試了，一試，棒極了，由於下方噴入空氣，飛砂使廢液變成細微的粒子，燃燒就容易了。這種新型流動爐宣告誕生，並很快普及世界，造紙廠發了大財。

顯而易見，如果企業注重「野鴨精神」，並且能夠持之以恆的選拔人才，肯定會幫助企業更輕鬆地過冬。綜觀中外成功企業，不管是通用、惠普，還是麥當勞、可口可樂，他們無不是以「野鴨精神」發展自己的員工隊伍，形成一股強大的原動力，促進企業的壯大。

松下幸之助說：「經營就是創造」，人才的可貴之處就是創見性。一個沒有主見、隨波逐流的人，一家缺乏創新、唯他人眼色行事的公司，註定沒有前途。企業需要創新精神，更需要具有「野鴨精神」的人才。

【趣聞快讀】

一天，獵人在高山的鷹巢抓到一隻幼鷹，把牠帶回家去養在了雞籠裡。這隻幼鷹和小雞一起成長，與牠們一塊啄食、嬉鬧、休息，牠以為自己就是一隻雞。

這隻鷹慢慢長大了，羽翼豐滿，體格壯碩，主人想把牠訓練成獵鷹，就把牠放出來，讓牠飛翔。可是，由於終日和雞混在一起，鷹已經變得和雞完全一樣，根本沒有飛的願望了。

主人嘗試了各種辦法，都沒有效果，最後，他帶著鷹來到山頂，一把將牠扔了出去。

這隻鷹像塊石頭似的，直掉下去，慌亂之中，牠只好拼命地撲打翅膀，就這樣，牠終於飛了起來！

能力有時候是逼出來的，把野鴨養在籠子裡，只會讓牠們失去飛翔的欲望和能力。公司要鼓勵員工「犯錯」，只要有新意的想法、觀點、意見，都一律採取歡迎的態度，並認真對待。這讓人想到微軟公司，許多人對它的成功進行了鍥而不捨的探討，有人在研究比爾．蓋茲與員工的關係時，驚訝地感嘆道：與其說蓋茲對他手下的那些天才在進行「管理」，不如說蓋茲只是對那些天才們做了一些「討好」工作。蓋茲是欣賞「野鴨精神」的人，並千方百計鼓勵他們的「野性」，這無疑是微軟成功的奧祕之一。

企業是靠人運轉的，如何以「野鴨精神」管理人才，是保證企業在危機中不被衝垮、凍死的基石。

一、鼓勵爭吵，百家爭鳴。

愛因斯坦說：「由沒有個人創造性和個人志願的統一規格的人所組成的社會，將是一個沒有發展可能的不幸社會。」由此類推，由沒有個人創造性和個人志願的統一規格的人所組成的企業，將是一個沒有發展可能的不幸企業。人和人不同，正是千差萬別的個性組成豐富多彩的世界。

前新浪網總裁王志東與他的外籍財務總監有過一段精妙的對白，他說：「吵架是你的價值，如果你不跟我吵架，就證明你已經沒有用了。」求同求異，往往是創新的根本，一味「好好」先生，哪有改進的機會？

二、降低條件，允許犯錯。

要求員工每年至少提出一至兩個創造性想法，不管對與錯。人的大腦有一千億腦細胞，只有開動腦筋，打開「思想的眼睛」，才有可能「看見」理想的實現。如果長時間沒有創意思維，腦子就會生銹，變得遲鈍，這不但妨害個人能力，還會危及整個公司安全。

三、人才不定型，培養複合型人才。

一般來說，每位員工在同一職位工作三至四年時，就可以考慮調換職位。這是人才成長規律決定的，三年是優點累積的過程，過後會暴露很多缺點。如果適時地調整工作，給人才更多歷練的機會，對他們成長、提高都是有益的。

四、B級人才，A級工作。

每個企業都希望自己的人才能夠超常發揮，B級人才可以做好A級工作。然而現實中很少有企業放手人才，讓他們擔當較高職位的工作。這裡我們就提醒各個企業，如果你反其道而行之，給B級人才A級工作，試試看，他們能否勝任？

結果肯定讓你大吃一驚，那些看似能力不足的人卻很好地完成工作，並且有所創新。這是因為人在感到壓力時，會更加努力做事，所以挑戰性的工作，更容易激發員工進取心。

五、獎勵80%，刺激20%。

長久以來，獎勵都是少數人的專利，無論是企業、學校、家庭中，大家都認同一個道理：好的總是少的。其實這種習慣性思維有很大弊端，讓優秀者孤獨，讓其他人無所謂，獎勵失去了價值。與其如此，不如獎勵大多數，將優秀做為正常行為，以區分低劣者，會更好地保護優秀者的積極性，更明顯地鞭撻少數低劣者。

怎麼辦？

「野鴨精神」是企業保存活力、勇於挑戰困難的象徵，擁有「野鴨精神」的企業和人才，更容易正面迎戰經濟寒冬。他們會想出各式各樣適應「變溫」的辦法。

一語珠璣

人不會因工作而死，而單身生活或遊手好閒卻是讓人致命的，因為人生來就會工作，如同鳥會飛一樣。

——馬丁·路德

法則11 以蜂后為中心

——重視領導者的作用

在前面幾節中，我們從各個方面討論了嚴冬來臨之際，企業應該做出的反應，以及在管理中需要注意的問題。總之一句話，吹響防寒的號角，為這個冬天而戰。那麼，這聲號角由誰而吹響？或者說企業要在誰的帶領下過冬？

毫無疑問，是企業的老闆。老闆是企業的領袖，是企業的國王，「善陣者不戰、善戰者不敗、善敗者不亂」，老闆屬於哪個層次的作戰者，會決定企業在風險面前的命運。

我們都知道蜜蜂是典型的以蜂后為中心的團體。在一個蜂巢中，大多數只有一位蜂后，牠的任務就是建立新巢並且以此為根基繁育後代，牠繁育能力的強弱，決定蜂巢規模的大小。蜂后能活三、四年，與普通工蜂只活幾個月相比，顯然長壽得多，為此牠需要具備充足的「過冬」經驗。

實際上，蜜蜂過冬的經驗早就為人稱道，牠們會以蜂后為中心抱團禦寒。這裡蜂后的領導作用得到充分體現，如果她發生了意外，蜜蜂后國會隨之煙消雲散。經濟嚴冬面前，企業的老闆面臨著眾多困惑：比如有些產品為了與你競爭展開傾銷運動，有些對手不斷推出新的銷售辦法、新的產品等等，你該如何做？跟進嗎？解決這些問題，是企業的事，卻由老闆最終負責。

老闆是企業的最終決策者，可是大多數老闆卻存在諸多「毛病」，使其無力抵擋嚴寒。

一、缺乏理想，有了一點成就就故步自封。

這種老闆隨處可見，也是絕大多數企業無法做強做大，經濟蕭條時迅速垮台的原因。

二、缺乏信任，不能知人善任。

優秀的領導不一定自己樣樣都行，恰恰相反，他們勇於放權、勇於信任每位員工。蜂后在蜜蜂國的主要職能就是產卵，而採蜜、築巢、養育後代等等大量工作，全靠工蜂去做。如果蜂后什麼事都身體力行，也就只是一名工蜂；如果牠不懂得依靠工蜂，也無法保存自己蜂巢的完善，更不能將其擴展。

比爾．蓋茲在談到自己為何成功，有句精彩名言：「因為有更多的成功人士在為我工作。」可見，每個人都成功的企業，肯定是成功的企業；而只有老闆成功，或者一部分成功的企業，不見得走多遠，更不見得多強大。

三、管理太隨意，常常以個人行為替代公司行為。

隨意決策幾乎是所有小公司的通病，朝令夕改、計畫沒有變化快，聞到腥味就以為釣到了魚，使得這類企業無法適從經濟的規律性變化。老闆們更是無視公司制度，從不以身作則，造成企業混亂，無從發展。

四、缺乏創新，一味模仿、追隨。

美國管理學家斯威尼說：「一個未來的總裁，應該具有激發和識別創新思想的才能。這一才能包括兩點：一位優秀的總裁，不僅要自己善於拿出好主意、好辦法，更好地領導員工，創造財富；還要懂得培養和發現其他人的創意潛能。」

如果老闆缺乏創新意識，很快就讓企業在競爭中陷入被動，無法面對日新月異的市場，更無法應對突如其來的危機。

【趣聞快讀】

美國前總統柯林頓先生有一個嗜好，他常常突如其來地造訪白宮的各個辦公室，就連有人開會時他也悄悄溜進去旁聽。據說這一行為得到經濟界認同，並成為西方流行的管理模式之一，譽之為「走動管理」，這樣做可以掌握更多的資訊，並能拉近與下屬的關係，增強他們的責任感與自豪感。

五、危機意識淡漠，沒有建立行之有效的危機公關措施。

很多人的危機意識很淡漠，特別是經營狀況較好時，總認為前途無限光明；一旦危機突至，便慌了手腳，不知所措。這對企業的老闆來說，尤其重要。想一下吧！如果老闆亂了分寸，公司經營豈不亂套？因此，精明的企業老闆必須具備危機意識，並且千方百計採取一些措施，當危機來臨時才有備無患，或者盡可能降低風險。

【案例分析】

有位畜牧專家，帶領自己的弟子開辦一家牛肉公司，他們提倡最先進的科技，從生產到包裝，無不體現出最先段的技術水準。另外，公司領導者一再強調員工待遇問題，保障給他們最好的福利和工作環境。

這樣一家高起點、高科技、高待遇的公司，開業後不到一年，竟然宣告破產，欠債高達三億美元。

敗在何處？領導者的野心太大，操作性差，起了決定性作用。公司成立後，創辦人一開始為公司取名「終於做對了」，言外之意，他要為牛肉產品製造業樹典範、立榜樣。這樣的想法固然可愛，但是充分暴露領導者的心態：驕傲自大，以為自己可以解決任何問題。在這種心態下，人很容易被矇蔽，無法看清事情的真相。這正是故步自封的表現。

果不其然，公司開業不久，就因為自大導致了一場訴訟。公司用幾百萬美元購置了先進的急凍機器設備，他們自以為是，不詢問供應商的意見，竟然派自己的員工進行操作，可是機器根本不聽他們指揮，幾百萬美元眼見成了一堆廢鐵。

而且，公司領導人不從實際出發，預期公司會迅速擴張，竟然一下子花鉅資購買了五家工廠、一萬名員工使用的系統。要知道，這時公司僅有一家工廠、九百名員工而已。這套系統非常複雜，操作的員工都一知半解，這種不學走就想跑的做法，只會摔得頭破血流。

更嚴重的是，公司領導們急於想成為行業典範，於是一個勁地花錢建高級工廠，生產堪稱藝術級水準的牛肉，添置最昂貴的設備。他們購買一台自動去毛系統，居然花去了幾百萬美元。終於，這種不計成本的「高投入」讓公司陷入欠債泥沼。從開業後，他們每處理一頭牛，就會損失一百美元。

再多的錢也經不住折騰，公司在大量投入之時，又不懂得經銷，產品只在一家超市上市，沒有更多的銷售管道。而這家超市的定位較低，與公司的高品質追求格格不入。

這家公司失敗的例子，體現出領導者的作用。一個領導者要有理想，不能只會做夢。再好的夢想工廠，也不等於理想的公司。所以，做為企業老闆，要是企業正面臨危機，應該從以上這幾點入手，看一看，想一想，是否自己犯過同樣的錯？

怎麼辦？

對於企業總裁來說，如何管理自己的企業，需要先定位：

如果你經營的是一家小企業，這時你的言行舉止很可能直接暴露於員工眼前，對他們產生深刻印象。因此你要有身先士卒的模範作用，注意從自身強化修養，以帶動員工積極性，為企業發展籌畫未來。

如果你經營的企業具有一定規模，人數過百，這時你一個人的力量有些吃緊，會需要三、五個幫手；讓他們專心在專業管理職位上，發揮協同作戰的作用。那麼你就不要過度地干涉他們，要相信他們，並站在他們中間，協調發展。

如果你的企業規模很大，人數成千上萬。這時你管理的不再是幾個人，而是一個龐大的組織。到了這時，聰明的老闆會退居後線，運籌帷幄，將精力集中在決策和規劃上。

一語珠璣

管理是最有創造性的藝術。它是一門藝術，是對天賦的正確利用。

——羅伯特．麥克納馬拉

第三章
學聰明的動物，準備過冬的棉衣

法則12

鳥雀換上厚羽毛

——提前預備過冬的「防寒服」

何謂聰明動物？指的是牠們具有為自己取暖的能力，經由換毛換羽、壘巢築穴，讓自己安全度過寒冬。說起來，這類動物中最著名的莫過於鳥類。

【趣聞快讀】

到了秋天，鳥兒們會更替掉一身舊羽毛，換上一身新「衣服」。這身新衣服可不是從頭到腳穿上身的，牠們有的會先換尾部，有的會先換頭部，最有趣的是，有些鳥會從中間開始換衣服。換羽時鳥兒們的飛行能力會減弱，所以牠們會選擇比較隱蔽的方式，而不是公開進行，以防止猛禽、狐狸等的襲擊。

鳥兒換羽與牠們的內分泌機制有關，甲狀腺分泌增強會促進羽毛迅速更新。

那麼，企業能否提前為自己預備過冬的棉衣呢？

答案是肯定的。企業也有棉衣可做，這就是企業的競爭戰略。

企業面臨的市場環境越來越激烈，競爭無處不在，怎麼樣從競爭中脫穎而出，是每個企業夢寐以求的事情。為此企業之間不斷上演一場場充滿血腥的大戰：降價促銷、互相攻擊、背後搞小動作等等，這些惡仗雖然打擊了對方，但是無形中也損害了自己，更影響到行業信譽，使競爭進入惡性循環。

為此，麥可．波特教授提出競爭戰略理論，希望企業的利潤不要從打擊對方來獲得。而是取決於：同行業之間、本行業與其他行業之間的良性競爭，以及供需雙方之間還有潛在競爭者之間共同作用的結果。

可見，競爭戰略是企業整體計畫的一部分，是在企業總體經營戰略目標下，針對競爭對手的戰略優勢而創建開展的規律體系。麥可．波特教授認為，正確的競爭戰略應該包括以下幾點：

1、總成本領先戰略（Overall cost leadership）。

2、差異化戰略，又稱別具一格戰略（differentiation）。

3、集中化戰略，又稱目標集中戰略、目標聚集戰略、專一化戰略（focus）。

成本領先，要求企業盡最大努力降低成本，進而降低產品價格，以保持競爭優勢。降低成本，說起來容易做起來難，需要每位員工都要嚴格成本意識，嚴格控制每項花費開支。這樣的話，低成本公司比起高成本公司有更大利潤空間，在對手無利可圖時，仍然透過利潤保持優勢，這就佔據主動，就會勝利。

差異化戰略，需要公司推出與眾不同的產品或者服務，比如功能多樣、款式新穎等等。能夠做到與眾不同，會建立起對付多種競爭的防禦地位，進而贏得顧客的忠誠，獲得超常收益，處於競爭優勢。

集中化戰略，突出在主攻點上，針對某個特殊顧客群，或者針對某產品的某市場區段等等。做到集中化，要求企業以更高效率、效果更好為主攻點服務，打開一點，輻射全面，會在更廣闊範圍內超過競爭對手，潛在利潤非常可觀。

可見，在競爭戰略中，核心內容是戰略優勢，是圍繞如何創建區別於競爭對手的戰略優勢而展開的活動。在經濟全球化的時代，企業要與國內、外的競爭對手同台競爭，缺乏競爭優勢將難以勝出，保持與顧客需求之間的動態優勢，成為危機下值得考慮的新亮點。

首先，企業不再是單純地滿足顧客需求，而是向顧客提供價值。顧客是企業的最終財富，在大家普遍以滿足需求為出發點的時候，如果能夠將經營理念轉變為提供價值，無疑是提前做好了防寒的棉衣。

其次，優勢資源佔了主導地位。誰擁有優勢資源，誰就會成為贏家。優勢資源內容寬泛，既可以是有形的，如黃金地段、先進設備；也可以是無形的，如科學的管理模式、企業文化、知識產權等。優勢資源就像佔據有利巢穴，又擁有厚厚羽毛、體格健壯的鳥，比起那些體弱多病、沒有巢穴的鳥，更容易越冬。

最後，在上述兩點基礎上，企業要千方百計吸引顧客的注意力，並不斷提高資源價值。

有人說「注意力就是貨幣單位」，儘管你想了千條妙計，可是顧客從不瞭解、不知道你是誰，這種情況下再好的「妙計」也等於零。在資訊數位時代，利用好媒體、網際網路，都是宣傳自己的好途徑。

【案例分析】

上個世紀六〇年代，夏普公司以電視機和收音機技術聞名全球，這成為他們的優勢資源；可是隨著科技進步，夏普的技術逐漸被其他企業學會，走向普及。這時夏普公司要想保持優勢，必須提高自己的資源。於是他們實施了逆向整合，開始研發特殊半導體、電子計算器，成為新的優勢資源，增強了自己的戰略優勢。

優勢資源既要保持發展，更要滲透、輻射，進而擴大競爭領域。

怎麼辦？

以優勢資源為核心，以顧客價值為導向，與競爭對手三者之間的「邏輯三角」是新經濟環境的特色，在科技日新月異的今天，不管其如何變幻莫測，都無一例外面臨著不斷調整，動態發展的問題。

通俗地說，企業要具有競爭戰略意識，並不斷地強化競爭優勢，讓自己擁有一層厚實的防寒羽毛，會抵禦嚴寒，保持自己的領先地位。

一語珠璣

有能力成功的大公司是那些不斷開發新產品，讓別人趕不上的公司。——比爾・蓋茲

法則13 兔子撞肚皮

——競爭變激勵

在冬天，兔子會長出又長又密的絨毛，像毯子一樣緊緊裹住身體；而且皮膚下的脂肪層也會增厚，起到阻擋嚴寒的作用。

有趣的是，如果你有機會近距離觀察，會發現兔子們不滿足於厚厚的毛和脂肪，牠們還會很聰明地擁擠在一起，彼此撞擊對方的肚皮，以此互相取暖。這可是非常有意思的一幕，看過的人一定會為之驚奇。在過去，冬天到了，孩子們會擠在一起遊戲，名之為「擠壓油」，就是為了取暖。

撞肚皮的遊戲提供了過冬的新思路。在經濟發展日新月異，企業處於「不確定時代」的環境下，太多難以預料的問題會出現，是保持領先優勢，還是後來居上，同樣需要企業快速反應，加強戰略調整。這種「不確定」特色，突破了邁克爾．波特教授的三種競爭戰略，要求企業全方位出擊，也要懂得撞肚皮的好處。

【案例分析】

雀巢集團是適應時代競爭發展的優秀企業，它透過各種途徑提升競爭優勢，像極了一隻寒冬中撞肚皮的兔子。公司在全球開辦二十多家研發機構，根據不同地區消費者的口味，推出了日本、歐洲、北美三地口味不同的產品。由於雀巢集團搶先一步佔領亞洲市場，獲得了先機。為此它透過各種手段阻止新興品牌的進入。有一年，馬來西亞當地一家企業生產出了價格、品質都很受歡迎的薯片，比起雀巢集團的美極品牌優惠25％。這情況讓雀巢集團十分關注，當即採取價格戰略，削價20％出售美極牌薯片。

這個撞擊效果明顯，很快遏制本土企業發展，使之無法立足。

當然，雀巢集團並非「短視」，相反更注重長期展望。說起進軍中國大陸市場，消耗的時間足以令人咋舌——長達十三年！足夠的耐心讓雀巢成功進入中國，而長期投資、優質產品和服務，更使其佔領了東亞各地市場。在進軍各國市場的時候，雀巢曾經與韓國的克拉夫通用食品公司有過一次精彩撞擊。

一直以來，克拉夫通用食品公司在韓國處於壟斷地位，無人與之抗衡。雀巢進來後，不惜投入鉅資在每個市場大做廣告，廣告多以兩、三個品牌為主，很快攻破了消費者的強烈品牌意識，享有了較高的市場比例。

七年後，雀巢奪得35％市場比例。這次撞擊直接提高了雀巢的競爭優勢，讓自己多了一項過冬的本領。

雀巢從容撞擊的策略還有很多，比如針對東南亞市場，開發的加蜜熊牌濃縮奶，就是了解到熱帶國家很少見到蜂蜜，推出的延伸產品，使得年銷售量增加10～15％；還研製出了流行泰國的希克牌冷飲咖啡，使夏季咖啡銷售躍上一個新台階。

當然，撞肚皮的目的是為了取暖，而不是打壓對方，這對於雀巢來說，體現在各種良好的合作關係中。進軍亞洲後，雀巢與貿易夥伴始終保持親密關係。在日本，雀巢首先採用了銷售網站銷售，放權批發商、銷售管道來完成促銷活動。透過各種努力，雀巢與當地的批發零售商融為一體，沒有了彼此的區別，與西方傳統意義上的公司根本不是同一回事。在泰國，雀巢注重與超級市場的關係，向其提供各種新的管理經驗，如「尼爾森太空人」庫存管理系統，就是雀巢送給泰國各大超市的禮物。

而且，雀巢培養了一支充滿活力和競爭性的銷售隊伍，被稱為紅熱銷售突擊隊。他們接受過正規的大學教育，在雀巢總部接受了貨架管理技術培訓，被分配到世界各地超市，與客戶之間進行有效的互動。這支隊伍帶去了先進、高效的管理理念，受到超市、大商場的熱情歡迎。

數位時代科技發展日新月異，撞肚皮會撞出很多新思路、新成果。我們都知道愛迪生一八五二年發明了電燈，到一九三四年才投入批量生產，其間經歷了八十二年。電視在一九〇七年發明，二十九年後投入批量生產。電晶體的發明到生產經歷了十年。更新換代不斷變快，技術市場每天都有新果實，要想保持領先地位，或者後來居上，必須時刻與周圍的其他「兔子」保持緊密關係，從資訊、技術、人才、管理等各方面撞擊一下，也許會有更多防寒的辦法出現。

怎麼辦？

撞肚皮會讓企業間相互瞭解成本優勢，盡量避免依靠降價打擊對手的惡性循環發生；促使企業間利用好時間優勢，不至於在產品進入成熟期或衰退期才投入生產；讓企業發現進攻的薄弱點，達到事半功倍的效果；會調動起每位員工積極性，使其在競爭面前時刻保持活力。

一語珠璣

激勵別人的唯一可能性就是交流。

——李．亞柯卡

法則14

喜鵲築巢

——還需真功夫

我們在羨慕動物們可以透過換羽、築巢、抱團等種種方式過冬時，是否注意到牠們為此做出的努力。

【趣聞快讀】

傍晚時分，一隻喜鵲忙碌地飛來飛去，牠在想辦法啄下樹上的小枝條。枝條長在樹上，那麼牢固，怎麼會輕易啄動？很快地，喜鵲的嘴啄出了血，但牠繼續啄，似乎不知道痛。終於，牠啄下了第一根枝條。接著，啄下第二根、第三根……天黑前，牠在樹杈間搭成了自己房子的基架。

喜鵲滿懷希望地睡覺去了，一心想著明早起來繼續築巢。然而不幸發生了，當天夜裡刮起一陣大風，把牠剛剛建成的基架吹得什麼都不剩。喜鵲看到自己的房子沒了，並不傷心氣餒，傍晚時分，風停了，牠又開始忙碌地啄枝條搭建房基。

新的房基沒有被風刮跑，喜鵲很高興，開始更忙碌地尋找爛泥，一口口地叼回來，塗在房基的枝條上，使其更堅固。就這樣，喜鵲一天來回無數次，為新巢奔波。

可是這天夜裡，不幸再次上演，有一陣大風刮來，將喜鵲的房子連根拔起，四散吹落，不留一根枝條。

喜鵲會不會放棄呢？不會，牠依然執著地築巢，三次、四次、五次，接連不斷地被風吹走。終於在第六次時，喜鵲的巢築成了，再也不怕大風吹襲了。

喜鵲用心血鑄就的巢，是牠過冬的安樂窩。當牠躺在巢裡安穩度日時，有多少人想到牠曾經為之付出的辛苦勞動。喜鵲築巢是需要真功夫的，企業過冬之際，要想在產品、服務、管理、市場多方面提升自己的競爭優勢，不下真功夫也不行。

環境瞬息萬變，時間不會等人，企業在這種氛圍中，不敢想、沒有時間想已成為現實，他們被旋轉的市場扯著跑，顯得力不從心。

香港訊誠電業的發展經驗卻告訴人們：磨刀不誤砍柴工，做好紮實的基礎工作，方能應對複雜的市場挑戰。

一九八二年，姚冠尹先生在香港籌備建立訊誠電業公司，主要經營電源保護及優化系列、漏電感應斷電系列、RFIR遙控系列、電腦周邊產品系列。公司成立後，採取了先進的管理理念，以價格優惠、品質優良、交貨快速，很快贏得顧客青睞。

訊誠公司成立之初，資金、人力、設備都少，而且場地也偏小，如何在最短時間內創造最大價值？公司採取了柔性化管理方案，靈活地根據市場需求組織生產，這讓生產不會過量，杜絕產品過剩發生。

做到防止產品過剩可不容易，要在適當的時間、地點生產出足量、保質的產品，就要公司上下進行嚴密細緻，一絲不苟的管理。喜鵲築巢並非叼來樹枝就萬事大吉，牠會細心地按照交叉順序擺放，還要不斷修整，這與公司細化管理一樣。

根據需求去生產，當然需要持續改善。持續改善是日本企業管理的模式之一，他們希望在問題變得嚴重之前就去發現、去改進，也就是我們平常說的「防患於未然」。在這兩種思路指導下，訊誠的產品創新不斷，卻能很好地控制成本，為企業贏得了最大利潤。

有了利潤才有發展，這是公司經營的根本。然而，現在已經進入了微利時代，各行各業的競爭都以價格優勢為主。面對殘酷的價格大戰，訊誠公司也向傳統大企業發起衝擊，產品價格總是低一點，這樣可以更輕易地打動消費者。當然，價格低並不代表品質差，訊誠公司的品質、服務與大公司毫不遜色，甚至更為可靠即時，這樣的公司自然深受顧客喜愛。

訊誠從無到有、從小到大，如果為其總結一下，就會發現它與許多優秀企業在管理過程中的共通之處。

一、不斷推出新產品。

創新是企業永恆不變的主題，推陳出新、尖端技術，是競爭的最大優勢。訊誠在發展過程中，一直緊盯美國各種行業規範，推出了各種新產品，使自己保持著領先優勢。

二、精益管理，降低成本。

危機下，產品利潤急劇下滑，部分產品利潤下降一半。沒有了利潤，如何去生存？答案只有一個，想辦法降低成本。

訊誠採取了內、外功兼修策略，透過管理來嚴格控制成本。比如調順各部門之間的關係，讓生產節奏更快。公司在一九九五年搞JIT管理試點，效果很好，於是將之推廣到全公司。

【趣聞快讀】

JIT管理，即準時生產方式，概括為「在需要的時候，按需要的量生產所需的產品」，是日本豐田公司在一九六〇年代推出的新管理模式，曾幫助豐田順利度過第一次能源危機。從此引起各國各企業關注，逐漸推廣到歐美各國。目前，這一模式與源自日本的其他生產、流通方式一起被稱為日本化模式。

JIT管理模式也幫助訊誠度過了一九九七年亞洲金融危機。

三、鼓勵團隊精神，強化企業文化。

一家優秀的企業是一個高效率團隊，企業應該鼓勵員工持續學習、不斷進取，為其創造晉升的環境。訊誠曾經實行「計時表」制度，員工們在此激勵下裝配效率提高了很多。

四、與其他企業的合作。

企業不是獨立存在的，既有供應商為其供貨，還有銷售商為其銷貨，與他們維持良好關係也很重要。

【趣聞快讀】

在北方海域附近，生活著一種絨鴨，牠的絨毛柔和細軟、手感極好，是羽絨中的極品。絨鴨在壘窩時，會將自己胸部、腹部的絨毛用嘴叼下來，精心地鋪墊牠們的愛巢。這些絨毛如此溫柔地陪伴著絨鴨，直到牠們產卵、孵蛋結束前，當地人絕不去搞破壞。很多時候，當地人還會幫助絨鴨驅趕狐狸、猛禽，防止牠們破壞絨鴨的窩。

就這樣，當出生的小絨鴨還沒來得及污染絨毛時，當地人開始行動了，他們小心地收集著鴨巢裡的絨毛，一個巢裡約有二十至五十克呢！絨鴨感激當地人「護衛」之功，絕不會反對他們收取絨毛。沒有了絨毛，牠們會尋找乾燥的水藻，或者再從自己和伴侶的身上拔下絨毛，繼續為寶寶壘窩築巢。

和諧共處是大自然諸多生物生存的真諦，企業如果能夠效法一二，想必受益匪淺。另外，JIT管理是生產模式，在發展中也被應用到流程管理中。然而，由於各地環境不同，加上實際情況差異很大，靈活性更為突出。

五、如何走好下一步？

從OEM、ODM到OBM，是華人企業成長的顯著特點。新加坡、香港、台灣的知識密集型產業多，管理、技術都比較先進，而中國的企業起步晚，除了人力資源優勢外，技術較落後，與國際接軌不密切。如果兩者能夠互相結合，取長補短，倒是增強競爭優勢的好機會。

怎麼辦？

企業管理需要真功夫，這個功夫並非一定枯燥無味，懂得用心去做，用心去體會，也會獲得無上樂趣。誰又敢說，喜鵲用心血築巢是牠不樂意做的事？牠願意去做，並且願意為之付出，這才是事情的本源，是企業積極向上的本源。

所以，管理應該從核心開始，從上到下，自主、人性，激勵每個人的信心和自我提升，導向持續進步，持續發展。

一語珠璣

做好準備的人挺好，耐心等待的人更好，但只有懂得利用正確的時機的人才是最明智的。

——阿圖爾・施尼茲勒

法則15 海豹鑽孔

——步步為盈利

盈利是企業發展的基礎，再多的資產、再先進的技術，產品不盈利，哪家公司也堅持不住。企業經營的目的是實現持續盈利，不管什麼樣的經濟環境下，利潤都是滋養企業的食糧。

見過海豹嗎？生活在冰冷南極的海豹，到了冬天就到冰層下過冬，因為水裡的溫度比陸地上高。可是水下如何呼吸呢？聰明的海豹有的是辦法，牠們用鋸齒般的門牙在冰層上「鋸」開一條縫，然後將縫隙擴大，形成空洞，這就成了海豹呼吸的通道。

生活在較溫暖的水裡，呼吸著水面上的空氣，海豹的做法令人嘆服，也令企業家們想到步步盈利、巧妙過冬這個主意。

企業的盈利來自內、外結合，「內」指的是企業內部的能力，包括資產、經營、管理等，這是海豹藉以取暖的「水下」；「外」指的是市場、顧客需求等，這是海豹可以吸入氧氣的「水上」。內、外結合越緊密、越持久，盈利就越大、越長久。通常情況下，企業會從三個步驟去考慮盈利模式和管理。

一、尋找利潤點。

利潤從哪裡來？首先要看產品的行業屬性，即所屬行業的資產結構、盈利空間、成本結構等等。行業不同，投資、成本結構就不一樣，只有瞭解了成本要素，知道產品的成本是多少，才會找出利潤點。

【案例分析】

有家美國企業，年淨利潤超過十億美元，這是非常令人驚訝的數字。然而當人們計算這家企業的成本時，發現其最主要的成本不過是支付兩百多名工程師的工資！原來，這是家設計公司，從工程師那裡購買創意，將這些創意賣給歐洲、日本等先進國家。在先進國家，創意變成了產品，可是他們不以產品為主要贏利點，而是向發展中國家出售產品的技術。等到發展中國家購買了技術，以產品為主要盈利點時，利潤就變得非常少了。

二、從利潤點出發，設計盈利模式。

找到了利潤點，就要圍繞它進行戰略、行銷規劃。企業的戰略與利潤點不一致，是不可行的。這就像海豹鑽的孔不能為它提供氧氣，那它就無法活下去是一個道理。

許多企業面臨同樣問題：在創業三、五年後，規模擴大了，可是利潤總是上不去，兩者之間的比例不協調。這是靠需求拉動經濟的時代，如果沒有良好的盈利模式，平均利潤上不去，就會出現這種局面。

有效且便捷的盈利模式是什麼樣的呢？美國埃森哲諮詢公司曾經研究過七十家企業的贏利模式，卻發現沒有一個是始終正確的。企業處於動態中，很難保證哪個模式會產生最大效益。不過他們的研究也有發現，這就是所有成功盈利模式具備的共性。

(1)具有獨特的價值性。諸如新的思想、服務，使顧客以同樣的價格得到更多利益。美國的Home Depot，是一家出售家用器具的連鎖商店，就採取了低價格、多品種、高品質服務相結合的盈利模式。

(2)具有難以模仿性。諸如直銷模式，人人都可以加入，都能知道企業如何運作，可是卻不見得人人都會盈利。戴爾公司是此模式的佼佼者，每個商家只要願意，都能模仿他的運作模式，卻無法取得與他同樣的業績。

(3)具有誠實性。每個模式都是實事求是的結果，是對客戶需求正確理解的結果。

三、要有行動步驟，並且步步為營。

只有計畫沒有行動，結果等於零。很多方案無法貫徹下去，不是想錯了，而是缺少執行力。海豹想好了呼吸的辦法，就要不惜一切代價鋸開冰層，不管冰層有多厚。

【案例分析】

有對夫婦在社區開設了一家便利商店，每天早起晚歸辛苦經營，卻賺不到錢。後來他們在高人指點下，轉變經營思路，提高了商品價格，增加了商品種類，並提供送貨上門等便利服務，生意才逐漸好了起來。

也許有人覺得，便利商店提高價格會不會影響銷量？這就要看具體情況，社區的便利商店不像大超市，購物的人數有限，而且都是急用，對他們來說，價格不會放在首位，解決問題才是主要的。

比如一瓶醬油，等著做菜用呢！誰會考慮超市和便利商店哪家更優惠？

便利商店以提供便利為主，就要多增加日用品品種，牙膏、打火機、衛生紙、牙籤等等都要齊備。這肯定會增加投資，那麼店主為了使商品流動快，減少積壓，就要每個品種減少品牌，比如衛生紙，只進一個牌子的，這就保證了降低成本，提高利潤。

至於送貨上門等服務措施，是方便顧客的深化，一來增加銷貨量，二來增進與顧客的感情，這時可以附帶著提醒顧客還需要其他商品嗎，這樣顧客會越來越信任店主。

另外，便利商店還可以根據具體情況增加商品，比如針對社區內顧客的喜好、消費層次等，如果在一個高級社區，商品就要選擇名牌，這種商品利潤空間大，購買者還多。

從小小便利商店的盈利模式來看，商業類企業也該盡量擴張自己的銷售範圍、銷售人群，透過提高單家商店利潤，實現整體利潤上升。

怎麼辦？

盈利模式是企業的硬體，是掙錢的機器，要想這台機器運轉靈活，當然還要軟體程式，這就是企業軟實力。一家企業行政人員的精神風貌和辦事效率，往往會體現出這家公司的盈利情況，這就是軟實力的作用。

一語珠璣

只有等待加實幹的人，才能獲得成功。——愛迪生

法則16

狼式捕獵

——主動出擊，打獵是最好防禦

不是所有的動物都有幸可以儲備糧食，比如狼，儘管牠聰明又能幹，也不可能儲備一個冬季食用的肉類。那麼，牠該如何過冬？

狼選擇了主動出擊，不管天多寒地多凍，牠都有可以捕獲獵物的方法。

【趣聞快讀】

冰雪覆蓋下，一望無際的內蒙大草原變成了雪的世界，晶瑩潔白。內蒙北部的一群黃羊嗅到了雪底下青草的氣息，很快來到這片冬雪裡的綠洲，興奮地刨食起來，卻全然不知危險正在逼近。

幾十條狼在狼王帶領下虎視眈眈，牠們盯上了這群肥羊。

白天，狼盯著黃羊，一動不動地埋伏在雪地裡。天黑了，黃羊們成群結隊地尋找背風的地方休息。這時狼依然不動，牠知道黃羊除了速度，還有不會「睡覺」的鼻子和耳朵，任何風吹草動都會驚醒牠們。

狼還在死死地盯著，一夜也沒有行動，牠在等什麼？天色發白了，那些安睡一夜的黃羊開始起床，有幾隻準備去撒尿。就在這千鈞一髮之際，狼衝著牠們猛撲過來，緊追不放。黃羊沒命地奔跑，無奈尿泡太大了，怎麼也跑不快，可是逃命要緊，還要拼命跑。不一會兒，尿泡破了，黃羊後腿抽筋，癱軟在地，被追上來的狼一下壓住，再也無力逃生。

黃羊跑得再快，也有「跑不快」的時候，聰明的狼知道在什麼時候出擊。對於企業來說，如何在寒冬中尋找到出擊的機會，也是值得考慮的手段。

沒有比建立一支市場開拓隊伍更有效的了。開發市場是很難的，就連狼都不肯冒險追捕羊，如果企業貿然開發市場，危險性可想而知。狼除了偷襲羊之外，更多的時候會組織圍攻。比如牠們會等著那群黃羊吃飽喝足時，在狼王帶領下向牠們圍攻。黃羊群在頭羊帶領下逃奔，逐漸被逼到死角，這時年輕的、有經驗的黃羊會突圍。有意思的是，狼王會為突圍者讓開一條道，等到牠們逃生之後，迅速堵上突圍口，攔截住那些跑得慢、角不再鋒利的黃羊，做最後的晚餐。

狼的圍捕充滿了智慧，企業的市場開發也充滿玄妙。一支新市場開拓隊伍，猶如一支充滿鬥志的狼群，牠們能否捕獲到獵物，也有竅門可循。

首先，開拓隊要有自己的「隊長」，像狼群中的狼王一樣，具備豐富行銷理論和市場經驗。他要親自帶隊，密切關注市場情況，比如顧客、媒體、競爭對手、終端市場等狀況必須瞭若指掌。同時，「隊長」要掌握每個隊員的情況，選擇那些能力強、作戰勇敢的銷售精英，並鼓舞士氣，組織戰鬥。

接著，開拓隊可以考慮如何進入市場。進入市場非常不易，尤其是規模不大的中小企業，會面臨推廣費用不足、知名度低等困難，這時開拓隊可以以「汗水」換「金錢」，也可以用產品敲開市場之門。當然，多數情況下他們會雙管齊下，甚至找到更多辦法。

「汗水」是勤勞的代名詞，開拓隊在試驗市場內，必須不停地奔走、不停地勞動，還要節省下每一分可節省的錢，這除了付出「汗水」，別無良策。他們是市場試驗者，最能準確地判斷出市場營運情況。如果實驗一段時間，產品無法推廣，企業就不會在這塊市場浪費太多精力。

能夠有一款價格優惠、需求量大、品質又好的產品，會給開拓隊很大信心，因為他們推廣的產品是服務於顧客的。誰都想購買物美價廉的東西，顧客如果滿意了這款產品，會很容易接受公司的其他產品。

開拓市場的隊伍會給公司帶來很多好處，比如①給公司提供一定經驗，利於完善行銷模式；②還可以將經驗推廣到其他市場；③同時培養出素質高的行銷隊伍，提高商家的信心。

開拓市場要注意，必須控制投資金額。應該像狼一樣精明，在恰當的機會果斷出擊，不要浪費人力、物力，更不要打草驚蛇，嚇跑了到嘴邊的肥羊，將市場做成「夾生飯」。

怎麼辦？

狼圍捕的經驗告訴我們：要嘛出擊，要嘛死守；猶豫不決，或者時機不當，一方面可能會浪費了費用，另一方面可能市場沒有任何反應。一次出擊不成，第二次圍捕會更難。在羊群中，只有那些富有經驗的老黃羊和頭羊，懂得抗拒綠草的誘惑，不至於把肚子撐得影響到速度，影響到生命。這時，狼想對付牠們，顯然要比對付那些初生的、毫無經驗的黃羊更困難。

一語珠璣

不渴求達不到的東西，就無法得到可達到的東西。

——庫爾特·海涅

法則17 雪豹冬天覓食

——多元融資，聚集能量

雪豹捕獵與狼不同，牠是機會主義者，會在黃昏時分蹲在岩石間，看到路過的動物時就躍起襲擊。當冬天找不到食物時，雪豹還會吃掉任何可以發現的肉類，這讓牠具備了快速、多元的食物來源。同時，雪豹還有多種禦寒措施，說起來很有意思。

【趣聞快讀】

雪豹長著一條長長的尾巴，這條尾巴有多長呢？一公尺多，如此長的尾巴不僅會幫助牠掌握平衡，還有保溫作用呢！在極度嚴寒時，雪豹會用尾巴遮住口鼻，防止熱氣散發，以此保溫。雪豹生活在高山上，會隨著天氣變化垂直遷徙，夏天到達五千公尺的高處，冬天到一千八百公尺以下的低處。牠的毛色和花紋與岩石相似，成為很好的隱蔽色，經常按照一定路線在山脊、溪谷邊行走，目的就是伺機抓捕獵物。

多種多樣的防寒舉措，讓雪豹具有了順利過冬的條件。企業亦是如此，要想在艱苦的環境下生存，多元融資，準備多種防寒方案是必不可少的措施。沒有資金，就斷了糧草，沒了皮毛，過冬之難可想而知。

一般來說，融資有兩條途徑：一是透過銀行貸款，二是進入資本市場。

【案例分析】

滙豐銀行曾用了四年時間完成一項著名的融資案例，為新世紀集團融資達十四億美元之多。新世紀集團是位於中國大陸的公司，融資面臨著一個巨大困難：世界各國對其房地產市場不夠瞭解。為此，一九九九年五月，滙豐銀行先後在香港、新加坡舉辦中國住房改革研討會，並組織訪問、演講活動，遍及亞、歐、北美等十一個城市，極力宣傳了新世紀集團，並發行公司債券。

在這次融資過程中，最關鍵的步驟是換股程序。債券持有者可以換取公司股票，共有三種方式：初次公開發行中認購的；將債權折算成股票出售；只認購最大債權股。經過這種宣傳和新穎的融資策略，規模僅為5.86億美元的新世界集團，發行債券總額超過十四億美元，而且債券發行後交易價格持續高漲。

銀行體系是企業融資的主要市場，不過由於銀行喜歡錦上添花，不願意雪中送炭，大多傾心於那些資信優良、規模較大的企業，這為很多困境中的企業帶來難度。在經濟不景氣時，企業即便具有良好的資信，也難以取得銀行信任。追想二〇〇八年經濟危機是如何爆發的？就是金融系統崩盤！

無法從銀行融資，就要考慮進入資本市場，這是融資的直接管道，分為股權融資和債券融資兩種形式。股權融資是許多大企業大公司最常見的模式，要求高、期限長、成本高、程序複雜，對於特定條件下的企業來說，這種方式顯然不夠快捷簡便。

那麼，債券融資就成為很多企業的首選，新世界集團就是利用這種形式，並憑藉滙豐銀行幫助，一舉實現融資成功。從這一案例中我們也應該注意到融資過程中的種種問題。

一、信用問題

企業發行債券融資，首先要得到投資者認可，不然債券無法發行。這需要企業起碼具備良好的信貸信譽和良好的資產負債情況、投資效益、現金流量分布，才會有人肯為其掏錢。

二、融資管道

在台灣，中小企業一度是經濟增長的主力軍，他們的融資管道十分豐富，銀行、資本市場、民間借貸，都會提供多種資金。其中銀行發揮著重要作用，上世紀九〇年代，銀行佔主要地位，以抵押貸款、擔保貸款等形式滿足中小企業短期流動資金不足或者創業融資需求。

【案例分析】

馬先生有過多年工作經驗，並且出國留過學，在一家國際諮詢公司上班。上個世紀的最後幾天裡，他決定辭去工作，開創個人事業。他看中了剛剛起步、勢頭強勁的網站業務。

他用自己積存的幾萬美元開發了產品Demo版，並與兩個人合夥，創建了一家不足十人的小公司。公司開張，裡面面臨資金不足的問題，怎麼辦?馬先生知道不少風險投資商，在考慮如何得到他們認可時，他發現了SinoBIT.com，並前去諮詢。結果，SinoBIT的管理層十分欣賞馬先生的產品，建議他做了一個商業計畫書交上去。五天後，SinoBIT同意了馬先生的計畫書，與他正式簽約。不久，另外兩家風險投資機構聽說了馬先生的設想後，也紛紛約見他，並且很快做出正式合作的決定。從馬先生決定自己創業，到先後得到三家風險投資公司認可，時間過去了不到四個月。

怎麼辦？

風險投資做為融資的新興事物，正在受到創業者喜愛和依賴。風險投資公司經營的是風險，失誤率高達90％都是正常的，可是普通投資銀行就不行了，失誤率必須控制在10％之內，而商業銀行就更可憐，失誤率不能超過1％，這種巨大的差距促使風險投資公司成為融資的熱門。

一語珠璣

大多數的錯誤是企業在狀況好的時候犯下的，而不是在經營不善的時候。

——阿爾弗雷德．荷爾豪森

向強者看齊

日本UNIQLO：十年打造一件厚棉衣

知道日本的新首富嗎？有人戲稱他是一個裁縫。其實叫他裁縫也沒錯，因為他是位服裝界大亨，靠做衣服、賣衣服發跡致富，名字叫柳井正。在這次經濟危機中，裁縫柳井正有句響噹噹的名言：經濟危機是我的好朋友。

在人人談危機色變，紛紛為尋求禦寒良策絞盡腦汁時，柳井正的話可謂石破天驚。他究竟有何妙方，竟敢如此大言不慚？難道他早就預備下了厚棉衣？

沒錯，柳井正經營的UNIQLO用十年時間打造了一件厚棉衣，成為他越冬的法寶級武器。

UNIQLO創建於二十世紀八〇年代，九〇年代開始進入發展期。誰能想到，此時正趕上了日本長達六年的經濟蕭條期。經濟不景氣，讓服裝業出現大變局。當時日本服裝市場兩極分化，一極是價格昂貴、品質高檔的高消費服裝，一極則是便宜、品質較差的低端服裝，這對於遭遇經濟蕭條的人們來說，兩種服裝都不理想。於是一種品質高、價格低的產品呼之欲出。UNIQLO抓住時機，即時推出了適應大眾消費的休閒服飾襯衫、牛仔褲等。這類服裝時尚、簡捷、價格不高。另外，為了降低成本，UNIQLO還將工廠搬到了廉價地區，實現了消費者不用花大錢就能買到高品質服裝的夢想。

可以說，九〇年代日本經濟蕭條給了UNIQLO做大的機會。

此後，柳井正繼續從生產到零售做大做強。UNIQLO品牌打響後，一直貫徹設計、生產到零售一體化經營路線。這一路線來自於美國校園倉儲式銷售CD模式，非常方便。購買UNIQLO，就像在商場採購日用品一樣，可以隨便挑選，隨便搭配，自由且簡單。

UNIQLO的產品款式多樣，色彩豐富，其宣導的百搭風尚，更是給消費者提供了更多的空間，受到消費者歡迎。UNIQLO還盡量節省開支，以時尚設計、質優價廉、加速流通管道的競爭模式，使得產品暢銷不衰。

經過十年準備，在二〇〇八年經濟危機來臨時，UNIQLO被金融海嘯衝到了財富前列。到二〇〇九年四月，已經實現持續六個月增長的目標，與去年相比，上升了19％。這一下，柳井正被推上了日本首富的寶座，難怪他說出「經濟危機是我的好朋友」這句話。

是啊，沒有這次經濟危機，誰又敢說柳井正會成為日本首富？但事實就是這樣，柳井正從最傳統的行業發跡，卻一躍超過了那麼多新興、高利的行業，他的故事說明一個道理：不管哪行哪業，只要有充足的準備，都有可能安然過冬，並且做到最好。

不是嗎？服裝業歷來被認為是最受危機衝擊的行業，平價商品被認為不可能做成品牌，但是UNIQLO全部做到了，並且擁有品味、時尚，還成為國際化市場一員。

如果哪家企業也想擺脫這次經濟危機的噩夢，並走上國際市場，從UNIQLO學習經驗是再實用不過了。

主打快速時尚品牌，是經濟危機給予的機會。快速時尚品牌起源於歐美，特點是價格低廉、樣式時尚、品質和服務優秀，而且公司的管理系統先進快速。這些特點決定這類公司的產品受到大眾歡迎，銷售劇增。西班牙的ZARA就是這類產品的典型代表，它的旗艦店選在與奢侈品牌相鄰的地段，重視包裝，品味高檔，價格卻很實惠。為此《時代》雜誌認為這類產品將是經濟蕭條時人們的首選。

與之相對應的是那些奢侈品牌，看看他們在嚴冬中的日子吧，皮爾．卡登無力支撐在中國業務的品牌使用權，只好賣了；星巴克也有些倉皇，只好降低品格以自救。

快速時尚品牌如此受歡迎，這不僅在服裝界，其他行業亦是如此，大名鼎鼎的日本東洋水產株式會社是生產速食麵的，去年的銷售業績直線上升；日本的家具連鎖宜得利，在去年家具銷售業績普遍下滑的情況下，反而上升；日本的便利商店銷售在去年第一次超越百貨店，更直接地向人們顯示了快速時尚品牌的魅力。

除了產品外，行銷模式也是決定公司成敗的關鍵，UNIQLO採取了SPA行銷模式，即自有品牌服裝專業零售商模式，也就是平時說的「專營店」模式。很多服裝企業，長久以來都是採取訂貨會、展銷會等模式，透過批發商賣產品。這種模式周轉較慢，大量訂貨必然預示著很大風險，在這種市場千變萬化的時代，已經不再適用。只有生產與銷售緊密結合，縮短兩者之間的時間，以最快速度反應消費者需求，才會受到消費者喜歡，才會跟上時代步伐。所以，店鋪銷售已經是諸多品牌競爭的終端之地。

還有，先進的管理是保證產品開發、生產到銷售的軟體。如今資訊傳播加速，產品流行同質化，相同產品可以在最短時間內，在多家專營店出現，這就使得產品不再是銷售的唯一核心競爭力。那麼靠什麼去競爭？只有管理模式，比如到貨時間、售後服務、產品追加能否最快滿足消費者需求，都會提高一個公司的形象，並且吸引更多消費者。

同時，控制庫存，加快滯銷品促銷，也是現代管理中不可缺少的學問，是危機中減少開支，提高資金使用率的有效環節。

第四章

學勤勞的動物，儲備過冬的糧食

法則18

家底要保留

——趁著嚴寒聚攏人才

企業是個生命體，所以才會害怕寒冷，維持生命體的溫度，需要儲備的東西太多了，不僅是資金、管理、產品，還有人才。蕭條來臨，最明顯的表現就是裁員、倒閉，失業者不計其數，為什麼還要儲備人才呢？

【趣聞快讀】

一則寓言故事講道：兔子為獅子工作，給牠拉來了很多動物為食。牠是怎麼做到的呢？很簡單，牠每天蹲在洞口寫一篇《淺談兔子是如何吃掉狼》的文章，這引起狼好奇。兔子領著牠走進山洞，結果只有兔子出來了。後來，兔子又依次把野豬、鹿等動物領進山洞，牠們同樣也沒有出來。自然，這些動物都成了獅子的美餐。

後來，獅子被獵人射殺，兔子也變成一頓美味火鍋。至此，森林中該平靜了，偏偏有一隻老虎被這個故事啟發，抓了一隻羚羊，要牠像兔子一樣為自己騙取動物。羚羊被迫同意，也蹲在老虎的洞口寫文章。可是過去好幾天了，一隻動物也沒有走進山洞，老虎很生氣，咆哮著準備責怪羚羊，卻一眼瞥見牠寫的文章題目：《想要做好老闆，先要懂得怎樣留住員工》。

企業經營是全體員工的事，企業競爭最終是人才競爭。一家企業在快速發展期，往往也是人才大量聚集、活力非常旺盛的時期。大量人才為企業做出各式各樣的貢獻，可謂添磚疊瓦，鑄就起一個龐大的盈利體系。

可是，隨著秋風乍起，企業中最敏感的人首先感覺到了寒冷，薪資遲遲不發、待遇開始降低、有些人無緣無故被掃地出門——他們不得不面對一個現實：冬天要來了。

企業難過，企業中的每個人也難過，大批失業人員被迫走上街頭，苦苦尋找著新的就業機會。在這種時候，有些企業卻獨具慧眼，為挖掘那些高素質人才悄悄做準備。

這些人才原來的企業可能受到衝擊，如果小企業趁機而動，就是大好時機。小企業沒有太多的成本去選人、去培養人才，可是卻可以到最強的競爭對手那裡去挖人。這是多少年來小企業發展的一個祕密。三國時期的劉備是如何成功的？就是懂得挖掘大批人才。「傻子過年看隔壁」，不用先去設想如何發射衛星這樣的大事，模仿身邊的成功者，會學到最簡單的成功法則。

挖掘外部人才，也要善於留住內部人才。不要到了冬天第一想到的就是減員，減員時需要慎重考慮。很多時候，你這時辭退的人才，等到經濟復甦時重新招募，可能花費的代價更高。

所以，企業在縮減一些項目不得不裁員時，對於那些必須保留的人才依然要獎勵。如果開誠佈公地用各式各樣的方式鼓勵他們，讓他們參與到解決企業困難中，會激發他們的士氣，保持組織的活力，無疑是企業抵抗嚴冬的星星之火。

人才應該在最合適的工作職位。沒有最好的人才，卻有最合適的人選。如果你需要一位安保人員，再高級的技術專家也派不上用場。IT安全人才可能不懂怎麼賺錢，但必定是要為企業賺錢做好安全工作。美國總統歐巴馬因為駭客問題越來越嚴重，準備設立一名專門負責網路安全的政府官員，使得安全專業人才備受青睞。

另外，經濟增長緩慢時，也是與員工溝通、進行培訓的好時機，在經濟快速增長時，沒有精力和時間與員工交流，也沒有時間讓員工接受培訓。而這時，經濟發展遲緩，培訓費用會降低，員工也迫切希望學會更多知識和技能，從長遠看，倒是有利可圖。

再者，為了提升員工的業績，在大多數企業減少各種會議時，不妨多增加與顧客座談、與經銷商切磋的會議，不但溝通了彼此感情，還鼓勵了員工的士氣。

怎麼辦？

人才租賃，傳統說法叫人才派遣，是企業根據工作需要，透過人才服務機構租借人才的一種用人方式，是一種高層次的人事代理服務。

企業租賃人才有什麼好處呢？企業的用人與項目開發是密切相關的，當企業開發或停止一些項目時，人才流動非常大。比如開發一個新不動產，是不是需要大量員工？可是不動產開發完了，就只有解散這些員工，但需要大量費用。如果企業採取了人才租賃方式，問題就簡單多了。他只要與租賃公司簽訂合約，由後者提供各種類型人才，這些人才做完相對工作，得到報酬後，即解除與企業合約，繼續為租賃公司服務。

那麼，企業會節省下培訓費用、人才管理費用等大量成本開支，這樣的話，既解決了用人之需，又省下多項支出，一舉多得。

一語珠璣

當我們不犯錯的時候意味著我們嘗試的新東西還不夠。

——菲爾．克耐特

法則19

錢掙錢不犯難

——提高資金使用率

聽說過猶太人亞倫的故事嗎？他可是位賺錢高手，他移居英國之初，靠做小生意賺錢，後來生意擴大，沒有那麼多錢使用，他不得不借錢經營。亞倫借的錢都是高利貸，這讓他辛辛苦苦賺的錢大部分流入放高利貸人的手裡。亞倫很不平，心想，辛苦做生意風險又大，賺錢又少，還不如去做放債業務呢！

幾年後，當亞倫有了一定基礎後，果然從事起放債業務，抽出部分資本放貸給別人，從中賺取利息。有些急等用錢的人會以20％的月息借貸，這可是個很高的利息率，如果放貸一百元，一年時間就獲得240％的回報，比做生意還賺錢。亞倫對自己的這項副業非常投入，他開始嘗試著從銀行以低利息貸款，再以高利息放貸，賺取差額。亞倫在這條路上一發而不可收拾，迅速發跡，在他六十三歲去世時，人們發現他擁有的錢財已是英國第一。

俗話說「人掙錢難上難，錢掙錢不犯難」，這句話正是亞倫賺錢的祕訣所在。誰都想發財，哪家企業都想盈利，為此恨不能一分錢掰成兩半花，這就是想提高金錢使用率。想法是好的，可是怎麼做到呢？

企業的血脈是資金，管好用好這些資金，讓他們創造最大利潤，是企業的最終追求。在這裡我們以生產型企業為例，看看怎麼樣讓每一份資金都能發揮最大的能量。

一、減少庫存，根據需求儲備原料。

生產必須儲備原材料，沒有原料就無法加工產品。可是同樣的企業，有的會非常輕鬆地賺大錢，有的卻存著大量原料加工不出產品來，不然就是產品賣不出去，造成原料堆積。原料堆積，勢必佔壓資金，而且還佔用倉庫、管理人員，從多方面增加成本支出。怎麼樣讓庫存保持合適，既不堆積也不缺貨呢？這需要採購、生產和行銷三方面密切配合。採購部門必須盯緊行銷情況，從市場變化、發貨、發樣品時間，來決定購貨時間、數量等。如果採購與行銷合拍，會極好地促進資金周轉，不至於讓「錢」變成「原料」躺在那裡睡大覺。

減少庫存，還要注意精簡產品種類，同時加工十種產品與五種產品是很不一樣的。當儲備十種產品的存貨時，每種需要資金一百元，就會佔用$100 \times 10 = 1000$元；而五種產品，則只佔用$100 \times 5 = 500$元。能夠以五百元資金運轉企業，當然比一千元更輕鬆。

二、減少不必要的工作程序。

生產過程中也有提高資金使用率的機會，這就是減少不必要的工作程序，使得產品開發、生產、管理能夠流暢作業。沒有比暢通無阻的道路更利於車輛奔跑的了，在這樣的路上行車，比在顛簸的路上行車肯定會省油錢。

三、提高產品附加價值，緊跟市場節奏變換產品樣式。

市場千變萬化，產品層出不窮，生產不要埋頭苦幹，要與市場結合，跟上時尚步伐。

四、與經銷商家維持良好關係。

產品要靠商家去銷售，這給了商家很大的主動權，也一度讓他們成為生產企業的「上帝」，唯其臉色行事。代銷、回款難，幾乎讓商家吃掉了生產企業，總結這些教訓，生產企業在授權銷售時，必須考慮對方的資金實力、信譽度，即時收回貨款。

如果還不能體認到銷售商信譽的重要性，就看一個數字：10％，它的意思是前人經驗證實，賒出去的貨只有10％的可能性收回款。

五、加快物資、資訊、現金流轉。

物資流轉速度是資金使用率高低的明顯表現，你看一下，倉庫的貨物周轉快時，企業利潤會提升。雅芳公司乾脆取消了倉庫管理，採取四十八小時「端到端」直銷模式。

除了物資流轉，資訊、現金流轉也很突出，比如一件名牌服裝，在某大超市售價僅為兩百元，可是生產成本＋銷售成本＋稅金＋其他費用，大約為一百五十元左右，如此小的利潤空間怎麼進行名牌運作？其實，這家服裝廠看重的利潤空間不在一件衣服上，而是希望透過大眾消費，實現高效管理，這樣，企業會得到很多最新資訊，並據此改變服裝樣式，加速物資、現金流轉。

很多企業都在力圖減少庫存、減少資金佔壓，比如有些企業提出每週清理一次倉庫制度，有些企業實行每月處理掉產品措施，無不是為了提高資金使用率。

怎麼辦？

產品最終在商店、超市、專營店內被消費者買走，企業是直接與他們合作，還是透過各級代理機構，對於利潤影響較大。過去代理機構曾經十分紅火，原因是產品比較稀少，購買力旺盛，代理會為廠商即時提供資金，還節約下很多銷售費用。可是現在市場變了，產品堆積如山，要想打動消費者需要在終端下工夫。

這時的廠商可以直接與終端接軌，減少中間管道，加強產品知識宣傳，這樣會減少產品周轉時間，本來兩個月更換的產品，能提前一週左右，讓消費更快、更新地瞭解產品動向。

一語珠璣

管理根本的任務是什麼？是對變化的聰明應對。

——傑恩

法則20 手有餘糧才不慌

——客戶也需要儲備

企業過冬，還有一項事情要做好，這就是儲備客戶。前面我們說過儲備人才、儲備技術等等，客戶怎麼去儲備呢？

客戶是產品的購買者，利潤的實現者，到了經濟冬天，客戶會明顯減少。也有不少企業為了節約開支，會減少很多與客戶交往的活動、會議。可是如果冷淡了老客戶，要想開發新客戶可能會花費更大精力和金錢，這樣的話，儲備就顯得很重要。

【案例分析】

在美國某城市三十英里外有塊山坡，這是塊不毛之地，無人前去問津。地皮的主人見此，費了不少工夫以低廉的價格轉手給了他人。這位新主人可是位經商天才，他買了地皮後，立刻到當地政府部門去遊說：「我是位教育救國者，我有塊地皮，想捐贈給國家。不過有個條件，就是只能在這裡修建大學。」

政府一聽，有人肯白送給自己地皮，自然喜出望外，立即就答應了。

那位新主人果然實踐了自己的諾言，將地皮的三分之二捐給政府。沒過多久，政府也履行諾言，在地皮上修建起一座規模不小的大學學府。再看這時，那位聰明的捐贈地皮者開始行動，在剩餘的三分之一地皮上修建學生公寓、商場、酒吧、劇院等設施，一條商業街出現在人們面前。自然，這條商業街為他贏得了鉅額利潤，遠遠超出當初捐獻地皮的價值。

一塊不毛之地變成了繁華的商業街，這種商業行為實在高明。商人十分懂得儲備的道理，以地皮為誘餌，讓政府幫忙建起大學，等於為他儲備了最大的客戶群體。與這種隱性儲備不同的是，多數經營性企業中，儲備客戶更為明顯和直接。

那麼，對於經營性企業，什麼樣的客戶需要儲備？答案很簡單，用得著、買得起產品的客戶。全球幾十億人，怎麼可能誰都需要你的產品？只有那些需要自己產品的人，才是企業的準客戶；而且這些人還要具有購買能力，可以為產品買單。

在企業經營過程中，儲備客戶需要做到：

一、用心為客戶服務。日本的原正文氏是位賣房子的高手，據說他70％的業務，來自客戶的再購買和他們介紹的新客戶。不管什麼情況下，都要為客戶著想，以誠信為本，會獲得更多客戶對自己的青睞。

二、瞭解客戶的需求週期。

不管什麼產品，都有更新換代的週期性，比如電腦，在美國僅僅六個月就會更新一次。掌握顧客更新產品的週期，會為自己儲備下很多客戶。比如，你是生產電視機的企業，某客戶使用你的電視機已經三十年了，其間你們有過兩次交易，這時你就應該想到，客戶的電視機已經用了十年，是不是需要一台新機器？你的銷售人員如果即時打電話去，向客戶表示感謝，保持聯繫，客戶會首先想到再次購買你的電視機。

三、管理好潛在客戶。

潛在客戶也需要管理，這會提高銷售效率。可以先將客戶進行分類，比如按照可能成交的時間分類，分為短期潛在客戶、長期潛在客戶；按照可以成交的可能性分類，分為購買力強的、購買力弱的、暫時不購買的。

透過分類，會找出那些最有可能與之成交，而且成交數額較大的客戶，也會發現那些沒有希望的客戶，有利於進行下一步工作。時刻保持潛在客戶，讓企業能夠比較放心。這引出一個問題，多少潛在客戶為好呢？是不是多多益善？

按常理來說，客戶當然越多越好，不過恰當的管理會利於企業早期開發客戶，讓他們購買自己的產品。比如化妝品公司根據分析，得出某社區潛在客戶較多，就可以派遣美容師前去講習美容知識，組織女性們在一起傳授皮膚保養、化妝技巧等常識，並讓美容師為聽講者當場化妝，體驗效果。在宣傳過程中，如果發現熱心度高的人，還可以推薦她免費參加公司的美容講座，或者免費試用某款化妝品等等。

企業在儲備準客戶時，不要忘了老客戶，尤其是那些長期以來一直與企業關係良好、忠誠度高、購買產品數量多的客戶，他們為企業創造了巨大利潤，是企業最好的夥伴。對待這類客戶，企業要建立專門檔案，切實保護客戶的機密，為他們的利益著想，形成一個長久穩固的利益共同體。

還有些客戶與企業關係不甚密切，購買產品數量一般。這是企業重點培養發展的客戶群體，應該加強與他們之間的來往，比如節日送去禮物、定期回訪等等，促使他們更加信任公司，多購買公司產品。

怎麼辦？

分清需要儲備的客戶：①黃金客戶，指的是購買力強、信譽好，而且急需公司產品的客戶；②白銀客戶，指的是購買力、信譽都較好，長期使用本公司產品，可以為公司帶來較大利潤者；③青銅客戶，這類客戶購買力、信譽一般，但是需要本公司產品；④黑鐵客戶，這類客戶購買力較差，卻有需要本公司產品的可能，做為儲備，有利無害。

在區分上述客戶時，公司可以採取多種方法進行。比如資料分析法，透過統計資料、報紙雜誌、各種行業報告分析等瞭解潛在客戶的情況；還可以經由商業聯繫、展示會等與潛在客戶接洽。

一語珠璣

在制訂計畫之前要打開的不只是計算機，還有你的腦子。

——維爾納．海特里希

法則21 螞蟻儲糧與覓食

——既節流，更開源

還記得勤勞的小螞蟻嗎？牠們在冬天會儲存糧食，還懂得隨時隨地尋找食物，雖然身材渺小，但生存能力卻不亞於任何強大動物。對企業來說，節流會省下大量開支，但是被動地等待也不行，隨時隨地開源也是必不可少的。

大家都知道守株待兔的故事，那個蹲在樹底下等兔子的人，即便不吃不喝，也不會等來兔子，只會荒蕪了田地，餓瘦了自己。只有在勤懇耕耘土地時，找準時機捕獲兔子，才是最聰明的做法。

Sun是IT業的佼佼者，公司銷售及服務執行副總裁訪華時，曾經說過一段震驚四座的話：「危機中，企業更需要新想法、新方法、新方案幫他們走出低谷，這是很令人振奮的。現在各國政府都歡迎我們的開源技術，因為開源技術可以大大降低成本，所以在這樣的形勢下不管是政府還是企業，面臨的成本壓力越來越大，對於開源平台技術的需求也就會越來越強。」

危機成為開源技術的最好機遇，因為開源技術會為企業帶去更多利潤。Sun的開源技術在全球銷售，客戶越來越多。這與多數企業市場緊縮、產品銷不出去形成鮮明比對。如今，企業要想降低支付給資料庫供應商的費用，首先就是MySQL；如果想降低專屬存儲設備的開支，首選就是配備Open

Storage的ZFS。

開源技術是如何幫助企業省錢的呢？在危機中，很多企業不斷削減各項開支，其中也包括ＩＴ預算。可是開源技術以出色地降低成本功能，成為寒風中屹立的常青樹。以Sun為例，其產品速度快，價格優惠，更為突出的是，其技術一直走在同類產品前頭，服務相當優秀，這成為他的主要競爭優勢。優勢歸優勢，它如何與賺錢聯繫到一起呢？

一、省錢就是賺錢。

新興的視訊會議就是節流開源、提高工作效率的技術。「視訊會議」集合了網路時代的諸多優點，具備文字、語音、視訊、影音播放等多種通信手段，可以為各種會議提供服務。

一般企業中，管理人員每年用來參加會議的時間要佔去工作時間的三分之一，其中大部分時間都用在了路上；另外開會中的旅費、辦公費、場地費都是較大支出。而視訊會議可以在任何地方、任何時間召開，費用不到面對面會議的10％。

二、節省時間，提高工作效率。

現在的企業很多都是跨區域、跨行業經營，需要召開會議解決的問題很多，可是大量會議又佔去工作人員大量時間、精力，無法協調工作關係。視訊會議在節省了大量時間時，還可以更快速便捷地協調工作，明顯提高工作效率，增強競爭力。

三、為企業開拓行銷的新空間。

視訊會議不僅侷限於企業內部，也適用於企業與客戶、供應商之間的交流。透過視訊召開產品發布會，為客戶節省時間、旅途費，為企業節省會議費、招待費，還讓與會各方都能自由安排地點、方式，不至於勞累，一舉多得。在這種新模式下，客戶也體會到企業的各種新技術、新產品、新觀念，提高企業形象和品味。

怎麼辦？

既節流，更開源，會為企業提供更多過冬機會。ＩＴ業的開源軟體持續升溫，無疑是這一問題的最好說明。

一語珠璣

企業管理的一個根本任務，就是不斷降低成本。

——彼得·杜拉克

法則22 蜻蜓孵卵

——迴避風險，暗渡陳倉

夏日的傍晚，人們常常會看到蜻蜓在池塘的水面上翻飛，一會兒盤旋在低空，一會兒用尾尖輕輕點擊水面，這就是人們常說的蜻蜓點水。蜻蜓這個有趣的動作，並不是在遊戲玩耍，而是在完成一個重要的使命——產卵繁殖。蜻蜓的一生，分為卵、幼蟲、成蟲三個階段，蜻蜓把卵產在水裡，卵會附著在水草上孵化出幼蟲，幼蟲叫水蠆，在水裡以孑孓等其他昆蟲幼蟲為食，一般要在水中生活一年以上，發育成熟後，水蠆會從水中爬出，攀到植物的枝莖上，不吃不喝，然後羽化成蜻蜓。蜻蜓就是以幼蟲水蠆的方式度過漫長的冬天的。企業的發展，一般也會經歷由小到大，由量變到質變的過程，包括擴大規模、產品升級、企業轉型等多種方式和內容。其中產品升級和企業轉型，是企業發展到一定階段的必然要求。

【趣聞快讀】

跟隨大人從城裡移居鄉下的小男孩凱尼，從一個農民手中花一百美元買了一頭驢，農民允諾第二天一早就把驢給他送來。第二天一早，農民找到凱尼說，「小伙子，對不起，告訴你一個不幸的消息，那頭驢意外死了。」凱尼想了一下，只好說，「好吧！那你把錢退給我吧！」「錢還不了你了，因為我已經把錢花光了。」農民裝出無奈的樣子說。「那就把那頭死驢送來吧！」凱尼堅定地要求道。農民很納悶，不解地問，「你要一頭死驢做什麼？」「我要將死驢派上新用場，用牠做為幸運抽獎的獎品。」農民一聽驚訝地大叫，「太可笑了，一頭死驢做為抽獎獎品，只有傻瓜才會要吧！」凱尼鎮定地回答，「用不著擔心，我不會告訴任何人這是一頭死驢。」幾個月過後，農民趕巧遇到了凱尼，就問他。「你要的那頭死驢後來派上用場了嗎？」凱尼極其開心地說，「我用那頭死驢做為獎品，舉辦了一次幸運抽獎，我賣了五百張票，每張票兩元，我輕鬆淨賺了九百九十八元。」農民好奇地繼續問，「難道就沒有誰對此表示不滿嗎？」凱尼答道，「只有那個中獎人抱怨驢死了，我把他買票的兩元錢還給了他，他也表示滿意。」這個小男孩凱尼就是許多年後的安然公司總裁。

一頭驢死了，就像產品失去了市場一樣，小男孩並未因此把驢扔進垃圾堆裡，而是用在了彩券業上，這就是產品的升級。當時的彩券業方興未艾，在農村還是新鮮事物，聰明的小凱尼正是看中了這一點，輕鬆地就用一頭死驢，淘到了人生的第一桶金。

企業為了提高產品和服務的市場地位，往往會對附加價值低的產品和服務，進行升級和換代，這是企業從產業鏈低端向高端升級的常用策略。經濟危機發生後，很多企業為了擺脫產品積壓滯銷，市場萎縮的被動局面，紛紛進行產品升級換代的嘗試，試圖以此做為重新參加市場競爭的利器，贏得生存的一席之地。

【案例分析】

美國金融危機爆發後，二〇〇八年十一月十日，全美最大的信用卡發行商之一的美國運通公司，成功轉型為銀行控股公司。運通轉型，恰恰是這個美國金融服務巨擘試圖扭轉局勢所做出的掙扎和努力。金融海嘯強大的破壞力，使得整個美國信用卡業務前景黯淡無光，運通更是一下子跌進了近幾十年來從未曾面對過的最黑暗的信用危機。此次轉型為銀行控股公司意味著運通透過開展存款業務，此前的融資難題可以得到逐步緩解，並可永久性從堅強的後盾美聯儲那裡獲得足夠的資金支持。

同時，運通集團旗下的美國運通百夫長銀行也全面轉型為一家商業銀行；而此前，這家位於猶他州鹽湖城銀行，實際只是一家產業貸款公司，根據美國「銀行控股公司法案」，並非真正意義上的「銀行」。合併後，百夫長銀行將擁有總資產約一千兩百七十億美元中的兩百五十三億美元。

經濟下滑給所有發行信用卡的金融機構都帶來了很多不利的影響，次貸危機的「滲透效應」開始處處顯現。衝擊最嚴重的不再是房屋抵押貸款，而是信用卡。信用卡市場的繼續惡化，迫使已經勒緊口袋過日子的信用卡持有者，更多地陷入了債務償還危機而不能自拔。而運通一直以頂端的富有人士為主要客戶群體，要求持卡人每月足額還款是其獨特之處，這雖然保證了運通的信貸品質，但是隨著業務的快速發展以及來自競爭對手的壓力，運通的這種方式也造成了業務的嚴重瓶頸，受到了一定程度的牽制。二〇〇八年前三季度，受信用壞帳的衝擊，運通股價快速暴跌54%，跌幅居道瓊斯工業平均指數中第四，公司經營岌岌可危。

轉型後，運通聲明稱，「在目前挑戰重重的經濟環境下，轉型為銀行控股公司將為其帶來『最大限度』的流動性和穩定性。」轉型為商業銀行將為開啟運通資金流入的門閥，將有望全力拓展融資管道，避免此前過度依賴商業貸款運作的尷尬命運。

怎麼辦？

透過轉型獲得了一絲喘息的機會，這不失為克服危機的一種好的辦法。透過產品和服務升級，透過企業轉型，提高企業抗擊風險的能力，獲得長遠發展的後勁，逐漸成為企業生存和發展的主流趨勢。

一語珠璣

有時一個人受到厄運的可怕打擊，不管這厄運是來自公眾或者個人，倒可能是件好事。命運之神的無情鏈枷打在一捆捆豐收的莊稼上，只把稈子打爛了，但穀粒是什麼也沒感覺到，它仍在場上歡蹦亂跳，毫不關心它是要前往磨坊還是掉進犁溝。

——歌德

向強者看齊
百事公司：足夠的累積養活更多企業

提起百事公司，無人不為它與可口可樂之間的競爭故事所吸引。

百事可樂是可口可樂的後生晚輩，一八九四年，美國北卡羅萊納州伯恩市的藥劑師布萊德漢姆發明一種碳酸飲料，取名「百事可樂」，並於一九一九年創建公司，開始經營銷售。

當時，百事可樂是眾多小公司的一員，銷售情況毫不起眼。從二十世紀三〇年代，百事可樂為了擴大銷售，一度將當時最高價為十美分的百事飲料降價一半，顧客只要五分錢就能買到。這一活動直接導致了美國飲料行業的價格之戰。可是價格戰沒有為百事帶來更多利潤，其後百事又陸續推出了十二盎司的大包裝、改變口味等措施。然而，情況依然不容樂觀，百事可樂起起伏伏，到了五〇年代，再次瀕臨破產危險，在低谷中艱難徘徊。

危機中的百事靠什麼翻身？時間追溯到一九八三年，這時一位關鍵人物出場了，他將為百事可樂帶來新生機。

此人名叫羅傑．恩里克，是百事公司新任總裁，他上任後，立即將目光盯在了品牌和企業文化上，他認為要想突破困境，必須塑造商品的個性，突出百事可樂與可口可樂的味覺差別，讓人們從新的角度去認識、接受百事可樂。

於是，在羅傑．恩里克帶領下，百事可樂首先開始定位：自己的產品到底屬於什麼？最後，他們決定從年輕人身上發現市場，將產品定位為新生代的可樂。公司邀請當時著名的超級巨星為品牌代言，透過廣告語「百事可樂，新一代的選擇」，一下子成功地找到了突破口。

結果，事情按照預想發展，百事可樂很快受到年輕人追捧，他們透過喜歡的偶像，將品牌牢牢記在心上。在這一主題指導下，百事可樂接連推出了一系列極富想像的電視廣告，如著名的「鯊魚」、「太空船」等。這些新鮮、特別的事物深深刺激著年輕人，符合他們叛逆的個性，更適應他們正在追尋一種與上代人不同的生活方式的心理。百事可樂從此走出逆境，開始了新的飛躍。

十年後，百事可樂花費鉅資請流行樂壇巨星麥克・傑克森為其代言，被稱為有史以來最大手筆的廣告運動。流行音樂是年輕人的最愛，與產品、企業結合，開始了百事可樂更高、更深的文化追求。此後，百事又與體育合作，貫穿圍繞「新一代」做文章，終於實現了蛻變，一飛沖天，與可口可樂銷售比縮小到1：1.5。

百事可樂的成功演繹了小公司度過危機，發展壯大的範本。

首先，再小的企業都要對自己有信心。只要產品是大眾需求的，不管你的銷量多麼低，都會被人們接受。

其次，產品不只代表其本身，還具有產品以外的很多內容。開發產品以外的內容，在今天資訊化時代，是更為主要的。技術發展，很多產品大家都會生產，那麼誰的更好？誰的更快？實際上很難評論。這種時候如何抓住消費者心理，給產品定位，就非常重要，這種引導消費者的行為，何嘗不是一種儲備？！

再次，企業的文化需要展現給消費者，說得再好大家看不見，也等於零。沒有麥克・傑克森高歌一曲，恐怕也不會有那麼多美國年輕人為百事狂歡。

第五章 學勇敢的動物，不停地遷徙

法則23
燕子出國
——走出去，尋找他鄉的經濟沃土

每年九月中旬，生活在歐洲北部的燕子就開始上路了，牠們以每天一百公里的速度，朝東南方向的目的地飛行。牠們越過歐洲大陸，穿過令人毛骨悚然的撒哈拉大沙漠，越過廣袤的非洲草原，不到兩個月時間，就飛抵了遷徙的目的地——非洲最南部的開普敦。接下來的兩、三個月裡，這些燕子就會過著到處遊蕩的生活，在非洲安全地度過整個冬天，然後飛回北方的老家。牠們已經學會了與非洲當地的燕子合作，分享不同的食物。毛腳燕習慣在離地五十公尺的高空覓食，棕喉沙燕和當地清真寺的燕子，則在離地二十公尺左右的次高空領域捕捉昆蟲，離地五公尺左右的低空，被那些代表歐洲部隊的家燕和身上條紋較少的會腰燕所佔領，至於同屬低飛型的細尾白喉燕，牠們的活動區域只侷限在水面上。不同的覓食空間，使外來燕和本地燕能夠和諧地相處，共同求得了生存和發展。

經濟危機到來，很多企業像遷徙的燕子一樣，到異國他鄉新的經濟區域尋求生存發展的機會。經濟的一體化，使得所有企業都置身於共同的市場之中，一時一地、守土看家的經營策略，已經無法令企業獲得足夠的生存空間，唯有走出去，開疆拓土，才有獲取足夠的生存空間的可能，才有發展的希望。

走出去，來到新的經濟區域，其實就是開始在新環境、新的秩序裡進行新的競爭。企業要想在新的環境裡發揮自己的競爭優勢，首先要具備一定的實力。最起碼要具備最低層次的競爭優勢，那就是低成本競爭優勢。如果你有足夠的資本，那就去那些經濟相對較落後、資源成本低廉的區域，運用自己的技術，使用當地低廉的人力資源和原材料資源，獲取經濟發達區域難以企及的低成本優勢，進而使自己在競爭中佔據有利的地位。如果你具備高層次的競爭優勢，也就是說，你具有自己的核心競爭力——產品差異型競爭優勢，代表更高的生產力，不容易被對手模仿，具有長期可持續性發展潛力，那麼，不妨去那些經濟活躍，市場比較發達的區域，在那裡，企業更容易開創出一片自己的天空，獲得足夠的生存發展空間。

在新的經濟區域，企業要學會與當地其他企業分享市場，像遷徙非洲的燕子一樣，找到適合自己的覓食空間，而不是爭食當地其他企業那點可憐的蛋糕。要學會妥協、合作，互相競爭又互相促進，各取所需，各得其所。

【趣聞快讀】

有人給了兩個孩子一個柳丁，這兩個孩子不知應該如何分這個柳丁，各持己見，爭執起來。那人就建議說，你們一個人負責切柳丁，另一個人先選柳丁。結果，兩個孩子各得一半柳丁，都滿意地回了家。第一個孩子回到家，挖出柳丁果肉，然後扔掉，留下柳丁皮，磨碎混在麵粉裡烤蛋糕吃。

另一個孩子剝掉柳丁皮扔進垃圾桶，用果肉榨汁製成飲料喝。

人們不難看出，雖然兩個孩子各自拿到了柳丁的一半，分配得看似公平，但他們得到的東西卻未盡其用，也就是沒有獲取資源創造的最大利益。原因是兩人事先沒有說明各自的利益所在，導致盲目追求立場和形式上的公平，並未在合作中達到利益最大化。

假如兩個孩子事先充分溝通各自的需要，即便一個孩子既想要皮做蛋糕，又想喝柳丁汁，創造新價值的問題就會得到充分解決。這時，想要整個柳丁的孩子如果說，「把整個柳丁全給我吧！上次你欠我的棒棒糖就不用還了。」其實，他的牙齒早被蟲蛀得慘不忍睹，父母幾個星期前就不允許他吃糖了，所以他已經不需要那塊棒棒糖了。另一個孩子一聽，也爽快地答應了他，因為他父母剛剛給他五美分，他正打算買棒棒糖還帳，不要柳丁了，正好可以省下五分錢去玩遊戲。你看，雙方就這樣透過協商合作，達到了各自的目的，使資源發揮了最大的優勢，獲得最大的效益。

這個小故事告訴我們，企業在新的經濟區域，必須學會合作。如果企業的品牌和管道在新的經濟區域處於劣勢，那麼僅僅靠自身的實力和自身的成長來克服，既不實際也不經濟，必然遭遇市場萎縮，資金匱乏，時間過長等重大問題。解決這些問題的最好辦法，就是合作和併購，併購那些有一定實力和管道資源，與自己企業生產同類產品或提供同類服務的品牌企業。這樣就能使自己快速拓展市場空間，融入新的經濟區域，互惠互利，使企業站穩腳跟，快速成長，確定自己在新經濟區域內的主導地位。

怎麼辦？

危機並不可怕，可怕的是，不知如何走出危機，如何在危機中尋找到新的商機，像燕子一樣，尋找到生存和發展的新的沃土。

一語珠璣

不是大的吃小的，而是快的吃慢的。

——艾伯哈特．馮．庫恩海姆

法則24

牛羚遠徙

——跨區域經營拼的是實力

非洲大陸數量最多的草食動物就是牛羚，牠們嗅覺靈敏，逐草而居，哪裡有新鮮的青草，就會遷徙到哪裡。牠能嗅出遠方雨水的氣息，由此確定遷徙的方向。生活在塞倫蓋蒂草原的牛羚，當旱季來臨，草將乾枯的時候，就會向西北遷徙，到達牧草豐饒的瑪拉草原。牛羚在長途跋涉中，處處隱藏著凶險，隨時會遭到饑餓的獅子、獵豹、花斑鬣狗和禿鷲，這些凶禽猛獸的圍追堵截和大肆獵殺，一些老弱病殘的牛羚，就會成為野獸的口中大餐。

當牛羚抵瑪拉河邊，生死考驗才真正開始，牠們必須度過瑪拉河，到達對岸的大草原，否則就會因食物短缺而餓死。但是河裡埋伏著成群結隊的鱷魚，這些大鱷貪婪凶狠，使瑪拉河成為遷徙動物的鬼門關。度過危機四伏的瑪拉河，奔向牧草豐饒的大草原，牛羚就可以開始了新的生活。在經濟一體化的背景下，企業的經營越來越像大草原上的牛羚，追逐著市場和利潤，四處遷徙。

越來越多的企業正從當地市場走出來，把地區或全球市場當成自己的目標市場，走出家門去淘金。哪裡有利潤，哪裡有顧客，就把產品銷到哪裡去。

【案例分析】

十九世紀，美國加州發現金礦的消息，吸引了數百萬人湧向那裡，掀起了西部淘金熱，十七歲的農家少女雅姆爾也加入了淘金的隊伍。一時間，加州人口劇增，水源奇缺，淘金人陷入生活艱難之中。跟大多數人一樣，小雅姆爾也沒能淘到金，沒有實現自己最初的夢想，但她卻淘到了比金子還貴重的「金子」——細心的她，發現了遠處的山上有水。這發現令她非常開心，找到了一條創業之路。她在山腳下挖了一條引渠，把水蓄成很小的池塘，然後把水裝進小木桶，每天跑十幾里路，到淘金人聚集的地方去賣水，做起了不會虧錢的生意。聰明能幹的小雅姆爾幾十年如一日賣著她的水，當大部分人耗盡歲月，空手而歸的時候，雅姆爾已經賺得了六千七百萬美元，成為美國當時為數不多的富豪之一。

小雅姆爾雖然也加入了西部淘金熱，但沒有盲目跟隨眾人淘金，而是因地制宜，發現了新的商機，從此改變了創業的方向，獲得了成功，這是一個典型的逐利而商的案例。眾所周知，猶太人是最會賺錢的，哪裡有好的市場環境，哪裡有好的商機，他們就去哪裡。豪商巨賈的產生，需要巨大的市場和良好的環境，正是因為猶太人這種追逐市場，不戀小富即安的精神，才使猶太人產生了大量的世界巨富。

企業在哪裡經營，完全應該根據自身的經營狀況做出選擇，如果企業掌握著先進的技術，擁有強大的核心競爭力，產品具有可以規模生產的特性，容易獲得原材料和資源，並且擁有跨區域經營的經驗和管理隊伍，同時有能力組建跨區域行銷網路，就可以採用多區域、全球化的經營戰略。

當然，企業跨區域經營就像牛羚大遷徙一樣，充滿了風險。來自當地競爭對手排擠、文化的差異、生活習俗的不同、法律政策的衝突等，都會對企業的成敗造成影響，所以如何克服水土不服，適應遷徙地環境，是跨區域經營企業應該充分考慮的問題。

【趣聞快讀】

一天，兩個美國人和兩個猶太人結伴搭火車旅行，美國人想法單純，每人都買了一張票，而猶太人精打細算，兩人經過商量，只買了一張票。美國人感到不解，就問猶太人，「你們兩人一張票，列車員來查票怎麼辦？」猶太人笑而不答，神祕地上了火車。火車開出不久，另一節車廂就傳來列車員查票的聲音，只見兩個猶太人，起身擠進車廂盡頭的廁所。列車員來到他們車廂查票，敲響了廁所的門，說，「拿出車票來看一下。」只見廁所門開了一條縫，裡面伸出一隻手，舉著一張車票，列車員看過車票後，遞給那隻手，說，「好了，謝謝合作。」列車員怎麼也不會想到廁所裡藏著兩個人。

到了目的地，四個人玩得非常開心，回來的時候，美國人心想，這次也學猶太人，他們的辦法不錯，於是他們兩個只買了一張票，這時只見猶太人擺擺手說，回去我們就不買票了。上了火車，兩個美國人充滿了期待，他們想知道這次猶太人又會有什麼高招。不一會兒，果真傳來了列車員查票的聲音，兩個美國人急忙躲進廁所，接著，他們就聽見了砰砰的敲門聲，於是美國人把廁所門打開一條縫，一隻手拿著票伸了出去，有人接過票後說，「好了，謝謝朋友。」美國人一愣，聽出是猶太人的聲音，急忙打開門看，只見兩個猶太人，向前一個車廂的廁所衝去。

這個笑話，揭示很多問題，首先告訴我們，猶太人教會了美國人賺錢，又從美國人手裡賺回美國人賺到的錢，顯示了猶太人經商的天賦；其次告訴人們，聯合經營有風險；再次告訴人們，跨區域經營切忌盲目跟風。

怎麼辦？

企業跨區經營，就如同猶太人和美國人坐火車一樣，首先目的要明確，其次要像猶太人那樣，有獨到的、不易模仿的產品和服務，同時利潤要有保證，還要嚴防當地企業的模仿、排擠和衝擊。

一語珠璣

如果有一個可以把事情做得更好的途徑，那就是：去找到它。

——愛迪生

法則25
稚魚洄游
——立足差異化市場

魚類的洄游與鳥類的遷徙一樣，也是為了自身的生存而對環境做出的選擇。例如鮭魚，秋季洄游到淡水區產卵，卵孵化出的稚魚，在淡水中度過寒冷的冬季，春天時隨著融化的雪水，游入大海，開始嶄新的生活。由於生存習性、適應環境的方式不同，魚類洄游的路線、季節、地點、目的，都不相同。企業的生存也是這樣，自身的產品、經營方式的不同，所服務的市場也會不同。隨著市場競爭的加劇，每個企業都在挖空心思，根據自身產品的特點，採取獨具特色的經營模式，尋找到有別於其他企業產品的差異化市場。追求創新，訴求概念，拓展廣告，整合資源，一系列求變求異的行動，無非是希望抓住機會，在日益縮小的市場比例中分得一塊香甜的蛋糕。

【案例分析】

美國總統艾森豪六十七歲壽辰，法國白蘭地商人趁機挑選兩桶釀造六十七年之久的白蘭地酒，用專機親自送往美國，贈送給艾森豪做為生日賀禮，並舉行了隆重的贈送儀式來大造聲勢，進而一舉打入美國市場，使法國白蘭地成為美國酒類的熱銷品。

從白金漢宮到聖保羅教堂，一路上觀看英國王子婚禮盛典的觀眾達上百萬，一家銷售望遠鏡的商號，見此情景，立即派出員工，分散行動，在觀眾群裡沿途叫賣，「看盛典，用望遠鏡，花一英鎊，看得更清，勿失良機，保您滿意！」

法國萊克食品公司，不設零售門市部，從不固定零售，他們另闢蹊徑，聘用了一批機動靈活的推銷員，專門打聽富商巨賈、名門望族的婚嫁、生日、宴會等特殊日子，以及他們各種社會關係網路，然後有針對性地上門推銷。據說效果不錯，有一家富翁舉行生日宴會，這家公司的禮品竟佔百分之九十以上。

以上這幾種方法都是利用特殊日期，採用特殊的辦法，並以此為契機，贏得有別於他人的差異化市場，進而賺取特殊的利潤。

【案例分析】

哈利是美國有名的宣傳奇才，十五、六歲時，曾在當地一家馬戲團做童工，靠在馬戲團場內叫賣飲料小食品賺取微薄的薪酬。可能是經營方法簡單，每次看馬戲團的人都不多，買東西吃的人就更少了，尤其是哈利叫賣的飲料，問津的人寥寥無幾。

有一天，一直為買賣發愁的哈利，突發奇想，有了新主意，他想，如果向每一位買票的觀眾，贈送一包花生，肯定能吸引更多的觀眾。但是老闆認為他的想法很荒唐，堅決不同意。為了推行自己的想法，哈利提出用自己微薄的工資做擔保，承諾說，如果賠錢就扣他的工資，賠多少扣多少；如果贏利了，自己只要一半利潤。以此為條件，請求老闆允許他試一試，老闆聽了，感覺不會吃什麼虧，沒有什麼風險，就勉強勉強同意他試一試。

從此，哈利開始做馬戲團的義務宣傳員，每次馬戲團開演前，演出場地外都能聽到哈利充滿快樂的叫喊聲：「快來看馬戲團啦！買一張票就免費贈送一包好吃的花生！」在哈利不停的宣傳鼓動下，觀眾一下子多了起來，比往常甚至多出了好幾倍。

觀眾入場後，哈利就開始叫賣他的飲料，絕大多數觀眾吃完花生後，都會感到口渴，紛紛買上一瓶飲料解渴。這樣一來，一場表演結束，哈利的飲料銷售得非常好，營業額比平常翻了幾番。這裡面當然還藏有哈利自己才知的小奧妙，原來，哈利在炒花生的時候，特意放了少許鹽，不僅花生變得更香脆好吃了，而且觀眾會越吃越口渴，買他的飲料自然就多了，他的生意自然就紅火了起來。

哈利憑藉自己的才智，創造了一個差異化市場，使普通的馬戲團演出，不僅增加了觀眾，實現了銷售的增長，也給哈利飲料銷售帶來了效益，水漲船高，實現了雙贏共利的目標。

隨著經濟的一體化和市場的日漸成熟飽和，同質化是很多企業面臨的難題。要想使自己的企業在同質化的浪潮中脫穎而出，必須走差異化道路，尋找到自己差異化的策略，開闢自己的差異化市場使自己的產品或服務，因為差異而贏得相對的市場。

怎麼辦？

開闢差異化市場，一般有兩種策略，一種是運作差異化策略，一種是利益差異化策略。不少企業尋找差異化策略的時候，往往流於形式和表面，認為經過幾次討論，或者找幾家行銷公司策劃一番，就找到了差異化市場，其實不然，企業的差異化策略應該來自市場，就像哈利在馬戲團場邊推銷飲料一樣，只有在具體的產品銷售中，才能發現差異化市場的存在，才能根據具體情況，制訂出合理有效的差異化行銷辦法。

一語珠璣

有主意的人，哪怕只有一張廚房的桌子就夠了。

——傑瑞．奧斯沃爾德

法則26 馴鹿南遷

——放棄不賺錢產品

加拿大凍原帶，生活著一種馴鹿，大約一百隻個體組成一個群落，過著集體生活。馴鹿群每年在凍原帶北部的繁殖區繁殖後代，補充新的能量，為下一個冬天做準備。九月來臨的時候，白晝日漸縮短，氣溫開始下降，馴鹿就開始啟程，向南遷徙。出發時，三兩成群，快到達森林前，逐漸彙聚成浩浩蕩蕩的大軍，一同前進。馴鹿南遷的速度很快，每天行進速度達到六十公里。到達泰加林區後，馴鹿就會在針葉林和泰加林組成的隱蔽處，靠吃枯草、樹葉和埋在雪下的地衣，熬過漫長的嚴冬。馴鹿之所以會選擇在這地區過冬，是因為這一地區生長著相對茂密的森林，使積雪不至於凍硬，有利於馴鹿用前蹄刨出埋在雪下的枯草、綠葉和地衣，尋找到足夠的食物。

馴鹿南遷，就是為了捨棄不能維持生存的地方，到另一個生存環境較好的地方生存。企業也一樣，當企業的產品和服務無法賺取利潤，無法維持企業正常運轉時，就應該考慮放棄，重新開發新的產品或服務。但實際上，情況可能恰恰相反，很多企業對待不賺錢產品的態度，常常是敝帚自珍，不甘心失敗，總認為只不過市場條件尚未成熟，或者行銷策略不對，終有一天會有所盈利，所以會繼續花很大的力氣維持，寄望於將來某一天起死回生。

【趣聞快讀】

有一天，佛為了遊說佛法，就下得山來。佛來到一家店鋪，看到一尊佛像神態安然，形體逼真，栩栩如生，心裡非常高興，就想買下來。店鋪掌櫃看到佛如此鍾愛喜歡，開口要價五千兩銀子，並一口咬定這個價，分文不讓。

佛悻悻而返。回到寺裡，與眾僧談起此事，眾僧齊問，打算花多少錢買下那尊佛像。佛不以為然地說，「五百兩足夠了。」眾僧吃驚地瞪大眼睛，用懷疑的口氣問：「怎麼可能呢？」佛肯定地說，「只要天理還存在，就有辦法。我佛慈悲，應當讓他賺到這五百兩銀子。」眾僧疑惑地說，「怎麼才能普渡他，讓他領悟呢？」佛微笑著面授機宜：「給他懺悔的機會。」眾僧更加疑惑。佛不加解釋，只是吩咐眾僧：「只管按我的安排行事即可。」

佛派大弟子下山，去店鋪和掌櫃談價，弟子咬定四千五百兩，多一兩不要，掌櫃不賣，弟子回山。第二個弟子去店鋪，出價四千兩，買賣未成。佛一連派出數個弟子下山談價，到了第九天，最後一個弟子下山，給出的價格已經降到了二百兩，掌櫃仍不甘心，沒有賣他。

眼看著買主一個個前來，出的價格一個比一個低，掌櫃不免著急起來，當送走第九個買主，他開始深深埋怨自己的貪心，決心到了第二天，只要有人上門，無論出什麼價，給多少錢，都立即賣給他。

這時，佛認為時機已經成熟，就親自下山，來到店鋪裡，說願意出價五百兩買下佛像。掌櫃一聽，喜出望外，趕緊出手成交，怕遲了買主會反悔，高興之餘，又贈送一具龕台。

佛謝絕了掌櫃的好意，沒有要龕台，捧起那尊佛像，單掌作揖，笑著說，「善哉善哉，慾望無邊，凡事有度，多謝掌櫃好意。」掌櫃聽了，似有所悟，連忙點頭稱是。

企業經營中，常常會遇到故事中掌櫃遇到的問題，新產品剛一上市，總認為奇貨可居，定價很高，恨不得大撈一筆。隨著市場反應冷淡，價格一路下調，直到跌破成本價，仍然打不開市場，企業才開始著急後悔，取捨不定，進退兩難。所以，企業的價格策略，很大程度上決定了產品的生死。如何像佛那樣，看清產品的合理價位，做到盈虧平衡，確實不是一件簡單的事。在新的項目問市後，企業往往把目光直接集中在專案的盈利上，盤算什麼時候盈虧平衡，什麼時候自給自足，什麼時候盈利，能夠盈利多少。經營過程中，可能會出現持平或盈利的狀況，但有的會轉瞬即逝，不能維持長久，那麼這一項目，就難以支撐企業的繼續生存和發展。一般情況下，如果企業有眾多的產品或專案，往往虧損、失敗的產品和專案更容易吸引企業的注意力，佔據企業的大部分精力和實力。出現這種情況，並不令人奇怪，但是卻非常可怕。這是一種企業理念上的錯誤，是一種戰略上的遮蔽，如果企業把精力集中在失敗的產品或專案上，試圖挽救失敗的結局，往往就會把正在盈利的成功產品和專案拖下水，帶來新的危機。正確的做法應該是，果斷地結束那些失敗的產品和專案，或者將其束之高閣，不予理會，如果以後機會成熟，再拉上戰場不遲。集中所有的精力和資源，投入到那些正節節勝利，盈利狀態良好的產品和專案上。捨得捨得，不捨怎麼得，扔掉包袱，才能輕裝前進。

怎麼辦？

從戰略上的角度看，任何產品和服務走向市場，無論盈利如何，都需要企業孤注一擲，起步領先，才會步步領先。這也是企業面臨巨大風險的時刻，事實上，快速發展的企業一般都毫無利潤可言，這是因為產品的後續發展需要足夠的後勁，需要持續不斷的投入，這種投入常常是倍增的，它的需求往往會超過前面所有的利潤所得，因此，企業的利潤思維，就將決定企業的命運走向。在維持一個產品或專案的存在與否上，企業必須著眼於長期的利潤戰略，即時捨棄不盈利或無潛在價值的產品，只有這樣，才能使自己處於市場的主動地位。

一語珠璣

我們永遠都無法知道，當我們改變之後是否會變得更好。但是我們肯定知道，我們要想改善就必須進行改變。

——約瑟夫·施密特

法則27 瓢蟲趨暖

——放權小項目，調動企業靈活性

秋末冬初，很多向陽的窗玻璃上，都會趴著很多小昆蟲，尤其是「衣著華麗」的小瓢蟲，更是會成堆擠在玻璃的一角。如果有人打開窗戶，這些小瓢蟲就會一擁而入，飛進溫暖的室內。這個趨暖的本能，也顯示出瓢蟲為了生存所具有的靈活性來。經濟寒冬中，整個市場也並非一片冰冷，寒冷中也會有溫暖的地方。因為經濟危機中，人們也需要繼續生活，繼續生產，繼續工作。這就需要繼續消耗生活用品、生產資料和各種必需的服務。企業這時就應該像瓢蟲一樣，採取靈活的策略，放權那些為人們生產生活所必需的小項目，做為企業寒冬中生存資源的來源補充，也是一個禦寒的好辦法。

這個時期，企業可以制訂一個靈活的戰略計畫，用短期的市場補充策略，代替以往長期不變的發展戰略，用生產生活必需的小產品，機動靈活地對市場需求做出快速迅捷的反應，填充市場的需求空白，為企業贏得生存必需的利潤。

小項目大文章。由於小項目投資少，技術含量要求低，企業操作簡便，投放市場迅速，因此可以成為企業困難時期很好的補充。具體選擇哪些小專案，企業可以根據自身優勢和特點，針對市場需求，進行全盤考慮。一般情況下，關乎人們衣、食、住、行和生產需要的原材料加工專案，往往會成為企業的首選，這些項目雖然利潤率相對較低，但風險性小，市場需求量大，進退比較自如，不會把企業拖入進退兩難的尷尬境地。

同時，由於經濟危機的衝擊，市場進入不確定性時代，消費需求不斷變化，品牌的關注度與忠誠度大幅度縮水，眾多的跟進者與競爭對手，從多角度多方位對僅存的市場進行瓜分和蠶食，這迫使企業必須隨時根據形勢的變化，制訂出相對的策略。

【案例分析】

比起松下、東芝、日立等眾多日本品牌，人們往往更加熟悉和喜歡SONY的迷你型電子產品。許許多多的SONY產品，如電視、隨身聽、遊戲機、筆記型電腦等等，伴隨著大多數年輕人的成長之路。在年輕人心目中，SONY就是時尚、潮流、技術、創新的化身。憑藉著似乎永不止息的創新步伐，到了二十世紀末期，SONY在整個世界範圍內的電子產品行業，獲得了舉足輕重的影響，牢牢佔據著世界財富五百強前三十名的位置。

但到了二十一世紀初，好像這一切都正發生著悄然的改變，隨著全球市場環境的急劇變化，競爭對手的迅速崛起，消費者對品牌忠誠度的不斷下降，一個不確定的消費時代已然來臨。但SONY依舊沉湎於舊日行業龍頭老大地位的榮光裡不能自拔，錯過了數位化迅速崛起的大好機遇，市場反應緩慢，決策遲鈍，任憑產品利潤不斷下滑無力制止，尤其SONY屬下的各部門，獨自為戰，各不相讓，如同一盤散沙，成了道道地地沒有戰略凝聚力的散兵游勇式游擊隊。使得SONY除了仍然保持在遊戲市場的領導地位外，其他各方面都被競爭對手大大超越，幾乎再也看不到SONY在市場上那種擁有獨特創造力的隨身聽式劃時代意義的產品了，與眾多的一流企業相比，SONY的盈利水準已經淪落到平庸的水準了。

好在SONY的高層終於意識到了公司所處的危險境地，意識到企業已經走到了沒落的懸崖邊上，如不即時採取措施，將可能在激烈的競爭中被毫不留情地淘汰出局。痛定思痛，出井伸之及SONY董事會為了挽救SONY於大廈將傾的命運，毅然推出了一個龐大的再造SONY計畫，以靈活的管理戰略面對新的競爭，抵禦不確定時代所帶來的巨大威脅。首先，啟動了複雜的成本緊縮計畫，宣布裁員兩萬人，特別是裁減日本國內製造業的人員，停止日本國內的顯像管生產業務，改革零件、原材料的採購供應制度，大力削減生產和管理成本。其次，進行了戰略業務調整，將企業資源、管理精力，集中於電子和娛樂兩個核心業務上，集中優勢兵力主攻電視、遊戲機等家電產品和隨身聽、數位相機、PC、手機等移動終端產品，並對集團內的半導體業務花很多的力氣進行合併，實現了調度靈活的一體化經營戰略。

SONY之所以會陷入困境，很大原因是戰略層面上的欠缺造成的，僵化的戰略規劃，以及慣性地沉醉於對以往成功技術的執著，對數位化時代產品的小型化、靈活性視而不見，由此導致在急速變化的市場面前，無法做出快速反應。再造SONY計畫，核心就是靈活的戰略管理，隨時根據產品市場的變化，用機動靈活的小項目應對消費者不斷湧現的新需求，以更高的效率、更靈活的戰略，迎接市場上一切可能的挑戰和機遇。

怎麼辦？

放權小項目，追求靈活的戰略目標管理，正是為了企業長期生存和發展的需要。企業必須懂得如何在瞬息萬變的資訊化時代，以最迅捷的反應和最合適的方式隨時調整戰略方向，進而使自己始終能找到最佳的盈利模式和利潤增長點，保持企業長盛不衰的生命活力。

一語珠璣

一個人既有成算，若不迅速進行，必至後悔莫及。

——但丁

向強者看齊

Bozeman Watch公司：401K計畫的堅定執行者

Christopher Wardle是一位美國蒙大拿州人，他熱衷於鐘錶收藏事業。一九九四年，這位收藏家積極籌畫著準備成立自己的鐘錶公司，生產自己喜歡的鐘錶。然而，事情並不簡單，他經過十年努力，直到二〇〇五年十二月七日，一家取名為Bozeman Watch的公司才誕生。

令人想不到的是，Christopher Wardle還是位天才企業家，公司成立後，在他經營下效益很好。尤其是二〇〇八年經濟危機爆發，在多家企業紛紛倒閉停產、裁員減薪時，Bozeman Watch公司卻保持33%的增長率！

Bozeman Watch公司是如何在逆境中不降反升的？這引起好多人好奇。聽聽Christopher Wardle是怎麼說的吧：「花更多時間、金錢去分析市場，瞭解顧客到底需要什麼，會給你更多機會。不要總是考慮賺多少錢，人才、研發，或者基礎建設等，是更需要投資的地方。尤其在經濟蕭條時，與合作夥伴搞好關係，幫助他們，這種投資的回報率會非常高。」

Christopher Wardle說出企業在經濟危機中要做到的三點：密切顧客關係；做好管理投資；支持合作夥伴。這種看似與盈利關係不大的做法，實際上是穩固企業、度過寒冬的良策。看看Bozeman Watch公司大規模推行的401K計畫，就能更深切地體會其中深意。

401K計畫，也稱為401K條款，是美國一九七八年《國內稅收法》第401條K項規定的簡稱。這項條款的內容是，由企業和員工共同出資建立一項特殊的養老金帳戶制度，保障員工退休後的生活來源。規定中的企業是私人盈利性公司。

Bozeman Watch公司做為私人盈利性公司，在經濟風暴下，不但沒有裁員減薪，反而極力推廣401K計畫，增加兩倍員工，並給他們最好的待遇和福利。John Tarver Bailey原來是公司的一名業務員，現在提升為管理人員，並且成為股東之一，他對公司採取的這種行動分析說：「公司關心員工，員工才會關心公司。」他的話道出了人之常情，道出了公司文化的核心之處。

與401K計畫類似的是，Bozeman Watch公司不管在什麼情況下，都非常尊重自己的客戶。他們一直追求高品質產品，認為這是為客戶服務的基礎，另外他們總是根據客戶需求，不斷改善運作模式，力圖研發出最精緻的產品。

面對持續增長的勢頭與周圍寒冷的經濟氣氛，Christopher Wardle對其他企業家提出了自己的建議，他認為，一名企業家需要①一日一反思，每天都將白天做的事重新思考，會發現很多意想不到的東西。②讓企業運轉靈活，使公司的願望與員工的行動緊密結合，提高工作效率。③面對困難時，不能害怕，害怕也沒用。④員工是公司理想的實踐者，鼓勵和獎賞他們，就是鼓勵公司發展。⑤目標明確，堅持不懈。

第六章

學最懶的動物，適時冬眠

法則28

入蟄選好時機

——節約成本，逆境守和

【趣聞快讀】

蠍子想過河，看到河邊一隻青蛙，就請求青蛙背牠過去。「那可不行，萬一你趴在我的背上螫我一下，會要了我的命。不行，絕對不行。」青蛙斬釘截鐵地說。蠍子平時比較講究邏輯，就說：「不可能，什麼邏輯嘛！如果我螫你，你死了，我也就被淹死了。」青蛙聽了，覺得有道理，符合正常邏輯，於是同意背蠍子過河。當青蛙背著蠍子游到河中央的時候，突然感到一陣鑽心的疼痛，牠一下子明白，蠍子到底還是螫了牠，於是憤怒地吼道：「邏輯呢？你的邏輯呢？」牠試圖甩掉蠍子，可惜為時已晚，牠和蠍子一起沉向水底。「這根本不符合邏輯……」青蛙有氣無力地嘟噥著。「我知道，」蠍子辯解說，「可是我實在忍不住，你知道，這是我不可抗拒的天性。」

危機中的企業就像趴在青蛙背上的蠍子，是揮霍最後一點力氣，對蕭索的市場痛下殺手，與市場同歸於盡？還是養精蓄銳，熬過漫漫的冬天，待到萬物復甦再圖東山再起？當然不能學這隻蠍子，而要學牠的另一天性——冬眠。蠍子是變溫動物，牠的活動經常受到溫度變化的制約，每年十一月上旬，當溫度降低到一定程度，為了抵禦惡劣環境的影響，就會採取休眠的方式來躲避，不吃不喝不動，就像人睡著一般，一直等到來年四月，環境好轉，才甦醒過來，爬出洞外開始新的生活。當然，企業的冬眠不是關起門來睡大覺，而是收縮陣線，節約成本，積蓄能量，待機而動。

經濟危機中，企業的利潤幾乎降到冰點，要想在市場上擠出利潤空間幾乎不大可能，唯一的途徑就是內部挖潛，降低成本，從生產、經營、管理，三方面下手，降低綜合成本，減少內耗，保存體力。

如何降低成本，有很多因素影響，一般來說，要透過兩個途徑，一是實行全員成本管理，二是進行全過程成本控制。

有名的「小氣鬼」洛克菲勒，常常為降低生產成本，節約每一分錢苦思冥想，絞盡腦汁。有一次，他看到封裝一個油罐需要點四十滴電焊，有點可惜，就突發奇想，讓焊工試驗，最少需要多少滴電焊才能保證油罐不漏油，經過試驗，使用三十九滴就可以達到原來的效果，於是他下令，封裝油罐只能用三十九滴電焊，超者重罰，並做為一項明文規定列入公司章程。成立托拉斯後，洛克菲勒如魚得水，利用壟斷經營，進一步降低產品成本，迫使鐵路公司降低自己的石油產品的運費，提高競爭對手的運費。托拉斯制度下的壟斷經營，使標準石油賺取了超額的利潤，財富在一夜之間堆滿了洛克菲勒的臥室，在他四十歲的時候，已經是擁有十億美元財富的世界超級富翁了，這在當時的美國幾乎是天方夜譚。

洛克菲勒實行的就是現在流行的成本否決制。樹立成本的核心地位，強化成本控制，重要的措施就是嚴格的成本考核。員工在生產經營過程中，為了提高效率，往往不計成本的消耗，就像蠍子螫青蛙是牠天性一樣，不計成本也是員工的天性。為此，企業在對員工和各部門進行考核時，成本考核應該做為主要指標來進行考核，實行一票否決，成本指標完成不好，其他指標完成再好，也應該受到相對的處罰，迫使員工和下屬部門，把成本管理做為一個重點工作來抓。

效率低下也是企業生產經營成本過高的重要原因。提高勞動生產率，是降低成本的重要途徑。兩個和尚抬一桶水和一個和尚挑兩桶水，其效率根本沒有辦法比，成本差異也就立即顯示了出來。兩個和尚抬水，一桶水要付出兩個人的工資，一個和尚挑水，一桶水只需支付半個人的工資。同時，兩個和尚抬水創造的效益只有一個和尚挑水的一半，利潤之高下，就不是一倍、兩倍的問題了。提高生產率，改兩個和尚抬水為一個和尚挑水，這裡面包含了多方面問題。首先，要改進工藝，由抬而挑。其次，要增加新設備，由原來的一個笨重的大木桶改為兩個輕便的白鐵皮桶。再次，進行了員工培訓，由簡單的抬，學會熟練地挑，提高了員工的素質。最後，實現了裁員，節省了用工。這些才是保證提高生產效率，降低生產成本的基本要素。

降低材料消耗和製造費用，對於降低成本來說是禿子頭上的蝨子——明擺著的事情。但並非所有企業都能做到這一點，尤其是連續不斷地降低生產經營成本，就更是難上加難。很多企業的情況恰恰相反，隨著企業的發展，市場的拓寬，生產和經營成本往往節節攀升。一旦經濟危機到來，效益雖然下來了，但生產和經營養成的成本習慣卻沒有改過來，慣性的成本開支，一時難以降下來，造成虧損也就正常了。如何解決這一問題？可採用消耗定額制，定額發料，材料數量差異分批核算，同時加強品質管制，減少廢品損失，停工損失，促使其成本不斷下降。壓縮辦公用品，易耗品開支，制訂相對的費用比例，減少不必要的管理成本。

控制改變影響成本的各種結構性因素，均衡生產作業和調節市場需求的波動，重構企業價值鏈，進而改變影響企業成本的重大因素，例如管理模式、採購模式、廣告模式、銷售模式、聯營模式等等，整合各種資源，壓縮開支，以此降低成本。例如美國西南航空公司，一改與大公司競爭的模式，在大公司忽略的中、小城市間穿梭，停機再起飛只需十五分鐘；增加航班密度，不設頭等艙、不指定座位、不供應速食，以此降低票價；顧客可以在登機口自動售票機購票，大大降低了成本，為顧客提供了廉價實惠的服務，贏得了市場，效益為此大增。

怎麼辦？

危機時期，做為企業，就要克制住蠻幹的衝動，內斂守和，苦練內功，像冬眠的蠍子一樣，耐心等待春天的來臨。

一語珠璣

在各項節約成本的措施中，以精減人員最為重要。——王永慶

法則29 蝙蝠倒掛

——保證核心競爭力

蝙蝠是自然界中十分另類的哺乳動物，是大自然鬼斧神工造就的神奇生命。牠胸肌發達，胸骨具有龍骨突起，鎖骨也很發達，具有又寬又大的翼膜，後腿又短又小，與翼膜緊緊連在一起，這些特殊的身體構造，造就了牠特殊的行動方式和生存方式。蝙蝠飛行時把後腿向後平伸，起到船舵般的平衡作用。但起飛時需要滑翔，一旦落到地面就很難起飛。當牠落到地面時，只能伏在地面，身體和翼膜都貼著地面，無法站立，也不能行走，更不能展開翼膜飛起來，只能扭動身子慢慢爬行。所以，蝙蝠選擇了爬到高處，倒掛在物體或樹枝上。這樣的好處是，遇到危機或出行的時候，隨時可以張翼滑翔。這也是蝙蝠冬眠或白天休息時，為什麼要倒掛的原因。蝙蝠的另一獨特本領是具有迴聲定位能力，靠發出短促高頻的聲脈衝來辨別方向。這些聲波遇到附近物體便會快速反射回來，根據這些聲波反射，蝙蝠就能準確地判斷出障礙物的大小和位置，進而使自己能夠靈活地穿行在各種物體之間，自由飛翔，捕捉食物，而不會被撞到。正因為蝙蝠具備了這些特殊的本領，使蝙蝠成為自然界唯一能夠真正飛翔的哺乳動物。

飛翔，迴聲定位，就是蝙蝠在自然界哺乳動物中立於不敗之地的核心競爭力。一個企業，要想生存，要想獲得長足發展，沒有自己的核心競爭力，那是什麼也辦不到的。什麼是企業的核心競爭力？這一概念，是由美國著名管理學者普拉哈德和哈默爾於一九九〇年提出的，他們指出，隨著世界經濟的發展變化，競爭越來越激烈，產品生命週期急速縮短，全球經濟一體化逐漸形成，企業很難再透過短暫的或偶然的產品開發或靈機一動的市場戰略獲得成功，必須依賴企業的核心競爭力，發揮自己的獨特優勢，才能有所做為。企業核心競爭力的本質就是能使公司為客戶帶來特殊利益，進而為企業創造價值的一種獨特獨有的技能和技術。

危機來了，企業什麼都能丟，什麼都能放棄，唯有核心競爭力不能丟，就像人不能丟了魂一樣，核心競爭力就是企業的靈魂，是企業賴以生存的法寶。因為這種能力能夠最大化地實現顧客所需求看重的價值，例如，顯著降低成本，提高產品品質，提高服務效率，增加產品功效，滿足客戶多種需求，進而給企業帶來市場競爭優勢，帶來利潤獲取優勢，確保企業的競爭力。「迷你化」是SONY公司的核心競爭力，容易攜帶是它帶給客戶的核心利益；高水準的後勤管理是聯邦快遞的核心競爭力，即時運送是它帶給客戶的核心利益。同時，企業核心競爭力是企業所特有的特質，是其他競爭對手難以模仿和複製的，它不像原材料和機器設備，能從市場上購買到，也不能像情報那樣能夠竊取和照搬，不能轉移，難以複製，只能學習和借鑑。正是它的這種難以模仿，不可複製的能力，為企業帶來了超常水準的利潤，成為企業賴以存活的根本。

【趣聞快讀】

話說兩個和尚，分別住在隔河相望的兩座山上的廟裡，每天同一時間，兩人都會下山打水，久而久之，便成了無話不談的好朋友。日復一日，年復一年，不知不覺，五年光陰就這樣在打水閒聊中過去了。有一天，一個和尚突然感覺少點什麼，原來發現另一個和尚沒有下山挑水，他以為可能是睡覺睡過了頭，或者有別的事情，所以也沒在意。第二天，那個和尚仍然沒有來打水，一連幾天，都沒有見到那個和尚的蹤影。這個打水的和尚就感覺納悶和奇怪，心想是不是病了？或者發生了什麼意外？我應該去看看他，看看能不能幫上什麼忙。於是，這個和尚就度過河去，來到對面山上的廟門前。當他看到另一個和尚時，大吃一驚，原來那個和尚正在打太極拳，紅光滿面，一點也沒有缺水喝饑渴難耐的樣子。他驚奇地問：「好幾天沒見你下山打水了，難道你不渴，不需要喝水嗎？」另一個和尚就把他帶到寺廟後院的一口井前，對他說，「這五年來，每天我都會抽空來挖這口井，即使功課再忙，事情再多，我都會擠出時間來挖，有空多挖，沒空少挖，能挖多少算多少，你看，我終於成功地挖出了水，再也不用下山打水了，省下更多的空閒時間來練習我喜歡的太極拳了。既省時又省力，喝水還變得方便了。」說著，他把自己種的蔬菜和花草指給那個來看他的和尚看。

一樣下山打水吃的兩個和尚，為什麼結局會如此不同呢？這就是核心競爭力的區別。一個和尚沒有自己的井，就等於沒有自己的核心競爭力，一旦年紀大了，或者河裡的水乾枯了，沒有水吃就會成為必然。企業也一樣，市場如果是水，井就是自己的核心競爭力。擁有自己的井，就會擁有源源不斷的水，不用辛辛苦苦去市場大河裡撞大運，而且當市場大河乾涸時，也不至於沒水喝。所以，企業一旦創立，就應該確定目標，下手挖自己的井，著手培養自己的核心競爭力，日積月累，逐漸形成自己的規模。使企業時時刻刻充滿生命力，尤其經濟危機到來時，大河雖乾，自己的井水足夠自己活命了。

企業的核心競爭力，不是單一的、孤立的，它是動態的、發展的，具有多方向延展性，能夠適用於企業多個方面和不同的任務，在企業的各個領域發揮作用，能夠較大範圍滿足顧客的多種需求和企業發展的需要。例如本田公司的核心競爭力是引擎設計和製造，但它同時撐起了汽車、摩托車、方程式賽車等多個產品的天空。

當然，企業的核心競爭力，不單表現在技術上，還包括生產經營、企業管理、市場行銷、人才培訓、財務管理等多個方面。

怎麼辦？

核心競爭力培養，不是一朝一夕的事情，企業必須有長遠目標，並為實現這一目標進行不懈的努力。隨時發現加以改正，補充強化優勢，使強的更強，培育出企業突出的特點來，並使之茁壯成長，才能成為企業煥發勃勃生機的內在驅動力。

一語珠璣

可持續競爭的唯一優勢來自於超過競爭對手的創新能力。

——詹姆斯·莫爾斯

法則30 冰蛇過冬

——挖掘產品新用途

大千世界，無奇不有，無論生物呈現出什麼形態，有怎樣的生存方式，都是適應自然的結果。愛爾蘭有一種蛇，牠的冬眠方式奇特而有趣，每當冬天到來，河水結冰的時候，牠都會游到水中，讓嚴寒的氣候把自己凍成堅硬的冰棍。當地的居民早已發現這一奇特的現象，每年冬天，都會把這些蛇做成的冰棍拾回家，掛在門上，做成別緻的門簾，等到春風吹來，萬物復甦，這些「門簾」就會一聲不響，不打招呼，悄悄地溜掉。

估計蛇自己也沒有想到，自己還會有這麼一個有趣的用途。做為一個企業，就應該像愛爾蘭人一樣，隨時發現自己產品的新價值、新用途，創新升級，使產品始終處於市場領先及有利的地位。

【趣聞快讀】

一九七一年，美國維吉尼亞州的穆拉德大夫一直處於痛苦之中，他面對已經破裂的夫妻感情，遲遲不能做出離婚的決定，原因是他的太太患有嚴重的巨乳症，使他不忍心拋棄她。為了使自己心腸硬起來而下決心離婚，經過長達十三年的反覆研究試驗，穆拉德大夫終於發明了一種能使人心腸變硬的藥物，那就是「威爾剛」。廠商於是進行了臨床試驗，觀察中偶爾發現，該藥物在使人心腸變硬的同時，還能透過改善腹股溝附近的血液循環，促使人類生殖器海綿體變硬，從此，穆拉德大夫和他的太太過上了幸福的生活，再也沒有離婚的念頭了。

這個笑話顯然是在揶揄輝瑞公司研製新藥的過程，沒有達到起初的目的，卻歪打正著，發現了威爾剛新的用途。實際情況是，美國輝瑞製藥公司曾經研發一種新藥西地那非，就是笑話中的威爾剛，最早它是做為一種用於治療心血管疾病的藥物5-磷酸二酯酶的抑制劑而進入臨床研究使用的，研究者希望西地那非能夠透過釋放生物活性物質一氧化碳，來舒張心血管平滑肌，擴張心血管，進而達到緩解心血管疾病的目的。但臨床研究結果顯示，西地那非對心血管作用並不明顯，沒有達到研究人員的預期目的。做為一個治療心血管疾病而研發的藥物，西地那非的表現非常令人失望，無法開發成為一個成熟的治療藥物，輝瑞製藥公司不得不宣布，西地那非的臨床研究徹底失敗。正當研究人員感到沮喪的時候，受試者報告的一項副作用引起了他們的注意。原來，受試者領過試藥之後，都不願把餘下的藥物交上來，追查之下得知，多數受試者反應，這種藥物對改善患者的性生活，作用非常明顯。這個發現令研究人員喜出望外，他們在得到輝瑞高層許可後，展開了就西地那非對陰莖海綿體平滑肌作用的研究。一九九八年三月二十七日，西地那非上市許可，獲得了美國聯邦食品和藥品管理局的批准，從此，西地那非做為治療男性性功能障礙藥物，正式走向市場，並迅速取得了市場的認可，使輝瑞公司名噪一時，為輝瑞帶來了巨大的經濟效益。表面看歪打正著，其實還是輝瑞公司的付出，透過另一種方式得到回報罷了。

對於企業，我們常說革新挖潛，其實並不是為老產品找到新用途，而是透過創新改造，使老產品具有新的功能，發揮新的作用，創造新的效益。這本質上是一個企業核心競爭力的延伸問題。世界經濟已經進入多元化時代，企業多元化改革早已成為一種不可阻擋的潮流，重新挖掘企業的核心業務潛力，其實就是多元化改革的重要途徑。企業核心業務的潛在價值，就是企業的隱形資產。成功的企業必須清醒地認識自己，充分地瞭解自己，認清自己核心業務的潛在價值，認識到企業的核心業務能夠延伸多遠，覆蓋多大的面積。經濟危機到來，正是企業認清自己的隱形資產的最好機會，因為經濟危機中，很多產品的潛在價值就會凸現出來，一些榨乾使用價值的產品，就會最先被淘汰，往往是那些潛在價值大，升值空間大的產品，最有活力，生命力也最久。檢驗一個企業的活力，其實就是看它的核心業務的增長空間，市場環境日新月異，對產品的要求越來越高，產品的升級換代就成為企業增長的最大瓶頸。老產品新用途，就是一種升級換代，鳥槍換炮，雖然都能殺人，但殺人的威力已經不可同日而語。企業處於經濟危急中，除了收縮戰線，節約開支，挖掘自身產品的潛在價值，是最為主動有效的防禦手段，這時切忌放棄自己產品價值的挖掘，跳槽到另一行業去經營自己不熟悉的新產品。如果僅僅為了消耗自己手裡的財富，跟風冒進，隨風而動，為擴大規模而擴大行業覆蓋範圍，不管投資多少新領域，開發多少新產品，對於企業來說，結果都會是悲劇性的結局。所以，企業進行多元化改革，首先要找到多元化目標，用愛克斯光透視自己的企業，尋找到自己的隱形資產，以隱形資產做為新產業的內在基礎，使核心業務得以長足延伸和大面積覆蓋。

企業的核心競爭力，體現在核心業務上，核心業務就是一枚種子，只要即時澆水施肥，進行管理，它就會破土發芽，逐漸長大，並且會分出眾多的枝幹，長出更多的綠葉，結出更多的果實。所以，對於危機中的企業來說，多元化的途徑不是另闢蹊徑，另開戰線，培育好自己的種子，讓它長出更多的枝幹，等到春風吹來滿眼綠的時候，枝繁葉茂，濃蔭遍地，到秋天自然碩果纍纍。例如蘋果公司，它首先開了使用滑鼠操作電腦的先河，同時，對電腦可看可感的設計，又使電腦迅速走進個人和家庭，為電腦的普及推廣，起了積極的作用，使電腦產品的延展性，具有了極大的空間。延展性越大，越有延展的空間，其發展前景越不可估量，不是一種線性發展，而是幾何級倍增，在延展中會發現新的延展可能，會蛻變出新的產品，甚而能開闢一個新的產業。

怎麼辦？

危機雖然可怕，但不能被嚇到。危機既然來了，如何應對才是企業最應該考慮的。趁萬物蕭索的時節，磨快自己的鐮刀鎬頭，搓好自己的麻繩索套，打造好自己的核心業務，時刻準備著，為市場的春天開荒播種。

一語珠璣

想要具備突破力，必須在專精的領域深入紮根才行。

——山本卓真

法則31
烏龜冬眠
——透過抑制活動控制成本

長期的進化，已經使烏龜體內血液中，存在一種誘發冬眠的物質——冬眠激素。當環境改變，氣候變冷，食物短缺，烏龜體內的冬眠激素就會發揮作用，促使烏龜尋找冬眠之地，進入冬眠狀態。隨著氣溫的逐漸回升，烏龜體內的冬眠激素就會逐漸減少，直到不能左右烏龜的行動，烏龜就會從冬眠中甦醒過來，進入生存常態。

對於企業來說，經濟危機中冬眠，主要目的還是為了節約成本，保存實力。在本章第一節，我們重點談了節約生產經營成本的方式，以及讓全體員工認識到節約成本的意義，並貫穿到企業整個生產經營全過程中去。這一節，我們再從企業結構層次上談談如何節約成本。其中重點談談決策成本。一提節約成本，人們往往只會想到節約生產經營過程中原材料以及各種經營消耗，很少有人想到決策成本，認為決策是企業管理階層動腦筋的事情，沒啥成本可言。其實，企業最大的成本就是決策成本，決策決定了企業的走向和行為，並註定了企業會有什麼樣的收穫，栽什麼樹苗結什麼果，這是自然法則，也是經濟法則。決策成本主要取決於以董事會為核心的戰略成本控制階層，它是金字塔的高端，企業的大腦所在。決策所耗成本就是企業投資的總和，能不能獲取利潤，就要看決策的正確與否。成本越大，風險越大，利潤也就越大。投資就是雙刃劍，雖然能夠制敵於死地，不小心也會傷到自己。誰是成本的決定者，誰就應該對其決定的成本負責，並加以控制。這樣看來企業的各項成本，就是由其管理許可權決定的。董事會是投資管理者，成本許可權最大，所以董事會是企業成本的第一責任層，戰略決策成本的控制，主要看董事會對決策的把握尺度。做為決策機構，董事會決定了企業的投資方向、投資規模、投資地點、投資時間等，而且一旦投資形成，其實也就劃定了企業成本的總體範圍。所以決策的正確與否，就決定了企業的命運。

【趣聞快讀】

西南邊陲，有個地方的獵人，捕捉猴子的辦法非常簡單，一個普通的木箱，加上一顆桃子。首先他們製作一個笨重的木箱，以猴子拖不動為準，然後在木箱上開一個小洞，小洞的大小，以猴子剛能伸進手為準。事先在木箱裡放上一些鮮嫩可口的桃子，做好這一切，就把木箱放到猴子經常出沒經過的地方，自己遠遠地躲起來看著就是。這時如果有猴子出現，牠們一定會去觀察木箱，發現裡面的桃子，就會有猴子伸進手去拿，哪隻猴子拿起了桃子，哪隻猴子必被捉無疑。道理很簡單，猴子伸進手抓住桃子後，由於洞口小，正好卡住，無論如何使勁都沒用。令人不解的是，這些猴子即使看到獵人大搖大擺地走來，也不會放下手裡的桃子，脫身而去，只能眼睜睜地看著自己被獵人抓走。其實猴子輕鬆就能脫身，只要放下手中桃子即可，但幾乎沒有一個猴子捨得放下即將到嘴的美食，就是聰明的猴子做出的傻事。

在這場人與猴的較量中，獵人是決策者，猴子也是決策者。因為獵人發現了市場的規律，就是猴子的習性，由此找到了自己的核心競爭力——捕猴技術，所以輕鬆就佔領了市場，獲得了豐厚的回報，捉到了猴子。雖然成本不大，但利潤可觀，這就是正確決策帶來的成本節約和取得的效益。而猴子由於沒有認清市場風險，只看到了桃子的誘人，沒有想到箱子的制約和瓶頸，並且在危機到來時，貪婪成性，不捨得放棄眼前的利益，沒有壯士斷臂高瞻遠矚的眼光和魄力，以致於自己被捉，導致破產，造成巨大的成本浪費。

很多企業之所以被經濟危機的寒風吹垮，重要原因就出在決策上。沒有看清全局，沒有看清市場發展的規律，沒有看到市場風雲變幻的各種因素；跟風冒進，盲目擴張；朝三暮四，頻繁跳槽；胡亂決策，使正確的投資缺乏正確的管理和營運。凡此種種，都會付出高昂的成本代價，把企業拖入萬劫不復的深淵。

那麼經濟危機中，做為企業的所有人，管理者的決策層，應該如何控制節約決策成本，保存自己的實力呢？最好的辦法就是緩決策或者少決策。除了維護企業核心業務所需要的各種決策外，一般不做新產品投資決策，不做進入新行業決策，不做盲目擴大生產規模決策，不做產品行銷宣傳推廣決策，不做招募員工決策，不做社會性活動決策。以董事會為核心的決策層不做決策，那麼整個企業就會順利進入冬眠狀態，保存住自己的實力。「無名以觀其妙，有名以觀其徼」，因為決策層的決策很多處於「無名以觀其妙」的階段，一旦形成決策，由微到顯，從無名到有名，就已經劃定了成本範圍，就像猴子一旦做出決定，牠伸進箱子裡的手，只是如何摸到桃子，如何抓牢桃子，並以怎樣的方式完成這些動作才能做到節約成本，與是否會讓獵人捉到而導致企業破不破產，已經沒有多大作用。就像一塊上好的木料，是劈柴燒火、是墊桌腿、是打造家具，還是精雕細刻做成工藝隔扇屏風，一旦做出決策，其增值水準就已定形，無論木匠的手藝再巧，巧奪天工，也不會把劈柴的價值等同於一件家具。如果劈柴，就是決策成本的極大浪費，如果做成工藝隔扇或屏風，就是決策成本的節約。

怎麼辦？

企業董事會為核心的決策層，是企業戰略成本的制高點，在這一層面上控制成本，將決定企業的生死存亡。決策者要仔細分析企業所擁有的資源優勢，摸清企業將進入的產業鏈各種形勢和狀況，全方位地尋找合適的投資方向和投資地點，不盲目、不跟風、不急躁，看清，看準，然後再下手不遲。

一語珠璣

將合適的人請上車，不合適的人請下車。——詹姆斯·柯林斯

法則32
母熊產崽
——孕育新產品

熊科中最大的動物北極熊，雌雄度過短暫的蜜月後，便各奔東西，嚴冬到來後，母熊就會選擇一個避風的雪洞，產下自己的幼崽，開始哺育新的生命。剛出生的小熊，只有三十公分長，像一隻大耗子，眼睛睜不開，耳朵聽不見，要在巢穴中哺乳四個月，然後走出洞穴跟隨母熊學習捕獵，兩年後方可獨立捕獵生活，三到五年才能完全成熟，成為北極不可一世的霸王。

如果你的企業還沒有核心業務，或者核心業務還無法形成核心競爭力，經濟危機中，你的企業產品或服務幾乎被一夜擊垮，那麼，是該束手就擒，還是韜光養晦，以圖東山再起呢？向北極熊學習吧！嚴寒中孕育下一代，新的產品就是新的種子，新的希望，只要選好了種子，春天時才會有所播種，秋天時才會有所收穫。

產業市場和消費者需求在迅速變化，經濟危機的蝴蝶效應正在波及全球大大小小的企業，沒有誰能完好無損，沒有誰能獨善其身。市場的格局正在醞釀變化，市場的秩序正在重新建立，對任何企業來說，既是挑戰也是機遇，都是重塑自身形象，提升品牌價值的良機。那麼，企業靠什麼在新的秩序中建立自己的地位呢？只有核心競爭力。孕育新產品，開發新產品，培育起自己的核心競爭力，是經濟危機中困窘企業的希望所在。

開發新產品，講究很多，有很多方法可資借鑑。如果你是一個小企業，就要發揮自己技術比較簡單，開發週期短，產品壽命不長的優勢，緊隨市場步伐，頻繁變換產品，用產品的延伸維持自己的市場。做為中小企業，另一策略就是依附大企業，產品開發追隨大企業，靠向大企業，成為大企業產品的直接間接零件的供應商，或者成為大企業產品功能的補充和延伸。同時，由於小企業受技術力量薄弱、人才匱乏、資金不足、管理水準低下等因素限制，在人才技術上、原料採購供應、人才勞務方面，也要依附大企業，像寄生蟲一樣棲息在大企業的肌體上，採用聯合、求購、讓股等方式，讓大企業提供一定的技術人才支援，資金支援，解決關鍵技術，開發適合於大企業或市場的新產品。

開發新產品，有時目光要盯緊市場的空穴，即空白地位。社會需求的多層次和前瞻性，使企業提供的產品、服務與市場需求方面，始終存在一定的差距，這個差距促使企業向正待開發、尚未生產的產品領域不斷前進，試圖搶先來彌補這個差距，獲得市場先機，這就是企業不停開發新產品的動力所在。

開發新產品，要學會「組裝」。利用市場成熟的各種材料器件以及成熟的技術手段，重新組裝具有新的功能和用途的新產品，滿足市場新需求。這種策略，具有風險小、投資小、見效快、成功率高的特點，非常適合經濟危機中陷入產品困境、又無人力物力開發技術含量的創新產品的企業。

講究多功能有機開發。主要是致力於為老產品增加新功能，就是舊瓶裝新酒，以老產品為基礎，結合新的技術手段，把新技術有機揉合進老產品中，擴大老產品的技術功能，把不同的技術，有機地結合在一起，進而賦予老產品新的功能，脫胎換骨，成為企業新的產品。

產品的延展性，可以使企業在開發新產品時，對核心產品進行橫向和縱向的一系列開發，派生出由低到高、由左向右，不同檔次、不同規格、不同款式、不同價格等一系列產品，以此增加產品的填空能力，全方位佔領市場，滿足市場不同層次的需求。

開發新產品並不是一件容易的事情。如果你有了產品，要想把它培育成核心業務，那就要像母親哺育孩子一樣，精心呵護。

首先，要學會為產品「講故事」，只有你的產品故事真實可信，才能一出生就能贏得消費者的信任。這非常重要，就像一個孩子，一呱呱落地大家都非常清楚他的父母是誰，是男是女，出生在哪裡，將會以什麼樣的食物為生，將會在怎樣的環境下長大成人。

其次，要搞清楚產品的消費對象，不同的消費對象有不同的需求，由於生活習慣、文化差異，他們想要瞭解的產品資訊也不同，所以要學會對不同的消費對象講不同的產品故事。有的消費對象，重點要求講述產品的性能和使用價值，有些消費對象可能重點放在了產品的安全可靠性上。

【案例分析】

在美國，有一個備受市場追捧的家具品牌Maria Yee，是由一位女性美籍華人創辦。這位女性老闆，對美國人的消費習慣非常瞭解，她的家具在美國，都是經由一些大的零售商銷售的，但她的家具都是在中國生產，她有兩家工廠，分別建在了廣州和湖南。在中國人眼裡，Maria Yee家具不過是非常簡單的竹藤製品，並沒有什麼稀奇之處。雖然她的椅子很好看、很漂亮，坐上去也很舒服，但那是世界上最好看的椅子嗎？當然不是。是人們能買到的最舒服的椅子嗎？答案可能也是否定的。但美國人為什麼喜歡呢？原因很簡單，就是因為產品個性。首先，顏色統一，一律採用綠色原料，從木料、竹料、藤料到油漆膠水，非綠色產品不用。其次，來源可靠，擁有多項認證，包括認證竹子和藤條的來源等等。最後，家具的組裝生產方式也是傳統的中國細木工組裝方式，沒有一根釘子、沒有一個螺絲之類現代的組裝材料。所以，Maria Yee是世界上最綠色的家具製造商之一，對美國消費者有巨大吸引力一點也不令人感到意外。

開發新產品，如何使自己產品具有個性，是一個系統工程，從思路、設計、製造，到銷售和服務，都應該始終貫徹統一的個性理念，每一道程序都要為突出產品個性服務。

怎麼辦？

新產品從誕生之日起，要有別於其他產品，身分明晰，功能突出，不僅適用，而且可靠，才會贏得人們的信任，受到人們的青睞。

一語珠璣

尚未成熟才有成長的空間，一旦成熟，接下來只會走向衰退。

——雷・卡洛克

向強者看齊
IT冬眠論

在經濟危機面前，擺在了每一位CIO面前的難題就是如何尋求禦寒良策。根據生物界眾多動物冬眠的啟示，有不少CIO提出了「IT冬眠論」，具體做法就是減少各項費用和開支，全面壓縮經營管理成本，降低決策成本，就像一隻藏入洞穴中冬眠的動物，蟄伏起來，沉沉睡入夢中，任北風呼嘯，天寒地凍，滴水成冰，冰凍三尺，憑藉最小的消耗，平安順利地熬過寒冬，等待春暖花開，萬物復甦的美好季節的到來。

大自然中，經過漫長的物競天擇適者生存的進化，動物過冬早已經不是什麼難題。弱小的昆蟲不用說了，蛇、烏龜、蝙蝠等變溫動物，都會選擇冬眠的方式越冬，就連體型碩大、孔武有力的灰熊，過冬的辦法也非常簡單，就像人沉沉入睡一樣。每當冬季來臨，灰熊都會清醒地感知到季節的變化，知道覓食會越來越困難，如果心存幻想，再四處奔波，可能就會入不敷出。既然無食可進，就必須選擇活動最少、消耗最低的方式，而唯一能達到這種效果的方式就是睡覺。為此灰熊會選擇一個安全避風的洞穴，安心地睡上一大覺，一直睡到來年春暖花開。睡覺的時候，灰熊的體內會發生一系列變化，心臟跳動更為緩慢，肺部呼吸減弱，消化系統和排泄系統功能減緩或停止，這一系列措施，都是為了保證以最小的消耗來度過漫長的冬天，踏踏實實地睡個好覺。

ＩＴ企業過冬，不妨借鑑灰熊過冬的方式，首先對經濟環境和企業自身情況有個清醒的認識，判斷準確本行業經濟短期內復甦的機會有多少，如果很渺茫，就要做長期打算，做好長期冬眠的準備。當然，冬眠只是一個比喻，對於ＩＴ企業和CIO來說，當然不能冬眠睡大覺，但可以像灰熊冬眠一樣，降低削減一切與企業生存無關的項目、活動，裁減多餘人員，收縮投資，只保留那些核心專案、骨幹人員，維護好剩餘核心市場，修練內功，靜心等待，當春天來臨以後，再大展拳腳不遲。

ＩＴ業要冬眠，首先，確保有限資金不做無謂支出，那些對企業生存沒有直接影響的項目和活動，該停止就停止，該取消就取消；對於人員，該放假的就放假，該裁撤的就裁撤。其次，對於核心專案的營運，採用最小的資源消耗方式，積極採取措施降低ＩＴ營運的固定成本，減少不必要的浪費和資源的使用效率。

具體的冬眠措施，結合動物冬眠的習性，不妨做如下考慮：制訂明確的冬眠策略，明確過冬的目標，讓員工知道為什麼過冬、怎樣過冬，達到什麼樣的目標效果等等，使員工更好地協助CIO對整個冬眠計畫進行量化，支持技術人員更好地完成預期的目標，並能充分表達CIO積極主動應對寒冬的信心和毅力。準備一本ＩＴ企業過冬最低需求手冊，列出企業寒冬中生存的最低專案需求，資金需求，人才需求和市場需求，依據資源、成本、技術、時限、收益等各種要素的構成情況，對IT所開展的項目、活動進行排序，根據先生存後發展的原則，優先安排那些直接關係企業生死存亡的項目和活動，這樣，使員工和CIO就能對企業過冬的戰略目標和具體措施一目了然，不管外界環境發生什麼樣變化，都能依據手冊，即時採取相對的措施。

根據ＩＴ業實際情況，針對企業過冬所必須的專案進行重組。在嚴寒的經濟冬季裡，管理多個專案，進行多元化開發經營，對於ＩＴ企業和CIO來說，並非明智之舉。克服項目感情和項目研發細節上的束縛，對那些不關乎企業生存的錦上添花項目，要大膽割捨，該放棄的就放棄，該丟掉的就丟掉。收縮戰線，集中優勢兵力於真正能決定和影響企業生死存亡的專案上，「不求花滿園，只為一花鮮」。做到生存需求優先，生存需求專案優先，生存需求專案所需資金技術優先，生存需求專案所需人才優先。在此優先的前提下，痛下決心，對專案和服務進行重組，去蕪存菁，保留精華，為企業提供一個既強大又有效的管理辦法。進而使企業能在經濟危機中，輕車簡從，進退自如，更好地熬過漫長的冬季。

就是ＩＴ企業生存必需的各種活動也要簡化。許多ＩＴ企業在壓縮成本時，沿用傳統的IT觀念，動輒大規模壓縮ＩＴ成本，而不是最大限度地挖潛和利用企業內部現有資源的潛力，以為這樣就是節約成本的靈丹妙藥，其實不然，這樣做恰恰違背了ＩＴ業簡約應用的建設精髓。根據灰熊冬眠的啟發，對於那些生存必需的活動，例如呼吸、心跳、消化排泄等活動要盡量減少，這樣就能為節約成本打下堅實基礎。大家都知道，實現IT效率最大化的一個基本方法就是減少ＩＴ複雜性。冬眠中企業經營管理也是一樣，簡單，再簡單。

要停止一切與企業生存無關的活動，精簡機構和人員。由於以前ＩＴ經濟泡沫時期留下的隱患，大批邊緣人員滯留在ＩＴ行業內，這些人除了使企業增加費用負擔，也為IT行業帶來了大量無關緊要的活動。運用市場原則，清理這些冗員，堅決停止一些與生存無關的各種活動，避免人浮於事的現象繼續存在，實現企業和IT行業最為合理的瘦身，是整個ＩＴ行業和CIO們，一項複雜而艱巨的任務。

對於ＩＴ業來說，經濟危機的冬天，生存為第一需要，該減減肥，該瘦瘦身，積蓄能量，蓄勢待發，剩者為王，好好地在嚴冬中活下來，才能在春天再次綻放。

第七章

學愛心的動物，養育蟲卵過冬

法則33 避債蛾的口袋

——找棵大樹好乘涼

很多中小企業由於資金匱乏，人力資源有限，沒有品牌產品，沒有核心業務，經濟發展好的時候，還能從市場分一杯羹，跌跌撞撞地一路前行。經濟危機一來，紙糊的一般，立刻被吹得東倒西歪，隨風飄搖，命懸一線。如何才能找到一個安全的庇護所，使自己安全過冬呢？一些動物的做法，給我們提供了很好的啟示。如果你在野外看到樹枝上，一根細線懸著一個像枯樹枝或者鳥糞便的東西，那就是避債蛾育兒的口袋——幼蟲的避難所。避債蛾是蓑蛾的幼蟲，就像一個躲債的人一樣，害怕債主追來討債，整天縮在堅硬的殼中，一動不動，不敢出來。偶爾需要出來覓食，只露出頭和腳，拖著大口袋慢慢爬行。那堅硬的外殼是非常好的保護所，既像乾枯的樹枝，又像鳥類的糞便，可以很好地躲避天敵的捕殺，又遮風擋雨，溫暖舒適。中小企業要想生存，完全可以向避債蛾學習，為自己營造一個安全的庇護所，慢慢等待羽翼豐滿，然後展翅高飛。初期階段，不妨寄人籬下，與一些規模大、效益好的企業聯營合作，降低身價，把自己納入大企業肌體的一個小部分，專一做好某一件產品或一項服務，例如來料加工、配件供應、貨物配送等。在大企業的羽翼下，慢慢成長，積蓄能量，以待時機。

【趣聞快讀】

說到小企業尋找避難所，就會讓人想起古代三國時期大名鼎鼎的劉備。劉備桃園三結義認識了關羽和張飛，組成了「草台班子」，從此開始踏上創業打天下的征途，像很多初創的小企業一樣，三、五個人頭，七、八條破槍，就倉促上陣，只知道辦企業賺錢，不知道辦企業怎麼賺錢，一路東撞一頭，西踏一腳，既無目的，也無章法，到處碰得灰頭土臉。投靠曹操後，曹操一番煮酒論英雄，說出「天下英雄唯使君與操耳」這樣傲視群雄的話，就把劉備嚇破了膽，只好趁月黑風高，星夜逃命。這時開始，劉備就像企業遇到了經濟危機一樣，陷入了人生的冬天。但他畢竟不是等閒之輩，深諳借窩生蛋的人生經營奧祕，立刻去投靠了徐州最高行政長官陶老頭，不久就取而代之成為了徐州牧，有了自己的第一塊地盤。這只是他小試鋒芒，創業掘到的第一桶金，後來他三顧茅廬找到了諸葛亮，在諸葛亮的創意策劃下，假惺惺以借的名義，佔領了本家兄弟劉表的荊州，從此有了自己打天下的第一塊真正的跳板。接著巴結上東吳董事長孫權，搭上了赤壁之戰的末班車，藉勢揚名，一舉壯大了自己的實力。他當然不會躺在這小小的功勞簿上沾沾自喜、呼呼大睡，而是藉著自己名聲鵲起，天下仰慕之機，以荊州為跳板，揮師西進，以聯營併購的名義，很快鳩佔鵲巢，奪得了自己另一個本家兄弟劉璋的巴蜀經營管理權，使自己的實力一下子擴張了上萬倍，市場三分天下有其一，形成了三國鼎立的新局面、新格局。

經濟危機爆發後，很多中小企業陷入了困境，產品大量積壓滯銷，同類產品競爭日趨白熱化，要想建好自己的產品的行銷網路，幾乎難上加難。這時怎麼辦？還要像動物學習，藉網上網。很多大企業、成熟的企業都有成熟的銷售管道和行銷網路，如果能攀上他們的產品，搭上他們的快車，進入他們的行銷網路，不失為一條通天的捷徑。如何鑽進大企業的行銷網路，那就是八仙過海各顯其能了。例如有一個專門生產皮帶的小企業，傍上某名牌褲業公司，在褲業公司銷售褲子時，皮帶做為配套商品，一併賣出，不另計價，只是從褲業公司領取自己的銷售收入。這個做法，對中小企業很有啟發性，不妨針對自己的產品尋找合適的大企業，搭上他們的便車；或者找到大企業產品的空缺，查漏補缺，為其生產配套產品。

金融危機不可怕，怕的是中小企業在舊有產品行銷管道被摧毀後，沒有大膽尋找搭建新的經營市場平台的意識，抱殘守缺，一意孤行，死死抱住傳統行銷平台和模式不放，造成產品大量積壓，資金斷流，在此種情況重壓下，一有風吹草動，立刻潰不成軍，一敗塗地。

怎麼辦？

所以中小企業在經濟危機來臨時，必須提早準備，即時調整市場戰略，整合各種市場行銷資源，選擇搭建適合自己的產品行銷平台，透過全新的、高效的市場行銷管道，把自己從經濟危機的困境解救出來，使企業走上健康的、良好的發展軌道。

一語珠璣

贏家是這樣一批人，他們能夠贏得和說服那些不再相信一切、不再立即購買、不再購買高價產品的客戶。他們能在絕境中創造驚人奇蹟。

——阿爾布萊西特·比法爾

法則34
天牛的隧道
——通向創新市場

天牛一般以幼蟲或成蟲形式，在樹幹內越冬。成蟲產卵有的將卵直接產入粗糙樹皮或裂縫中；有的先在樹幹上咬成刻槽，然後將卵產在刻槽內。當卵孵化出幼蟲後，初齡幼蟲即蛀入樹幹，最初在樹皮下取食，待齡期增大後，即鑽入木質部為生。幼蟲在樹幹內活動，蛀食隧道的形狀和長短隨種類而異。幼蟲在樹幹上蛀食，在一定距離內向樹皮上開口，做為通氣孔，向外推出排泄物和木屑。幼蟲老熟後即將隧道築成較寬的蛹室，以纖維和木屑堵塞兩端，並在其中化蛹。

創新市場是企業的一種市場開發拓展行為，具有非常明確的商業目的。創新市場的本質特徵是它的創造性，就像天牛幼蟲在樹幹內蛀出的隧道一樣，為的是拓展市場，開闢企業更大的生存空間。

【案例分析】

上世紀七〇年代初到八〇年代中，美國遇到了長達十餘年的經濟衰退，通貨膨脹如脫韁野馬，節節攀升，尤其是房價，比其他任何商品上漲速度都快得多，住房抵押貸款利率也跟著直線上漲。恰逢此時正是美國戰後嬰兒潮中出生的孩子長大成人的時期，二十五歲左右的年輕人特別多，都到了成家購屋的年齡。這種情況，使很多美國的房屋建築商們看到了商機，認為發展的機會到了，專門為這批年輕人設計建造了一種小型廉價住宅，因為是為第一次達到購屋年齡的人準備的，所以叫「基本住宅」。與已成為標準住宅的房屋比起來，這種房子結構簡單一些，面積小一些，價格也便宜一些，但具有良好的實用價值。價格方面，初次購買住房的人也完全能夠接受。然而推向市場後，卻受到年輕人的冷遇，根本就沒有什麼反應。一片片嚴重滯銷的房屋，無不說明這次住宅開發是一次嚴重的失敗。很多建築商不甘心失敗，絞盡腦汁，採取各種辦法，試圖打動年輕消費者的心，挽回敗局，紛紛採取低息賒銷、延長還款期等一系列措施，但仍然於事無補。很多建築開發商只好自認倒楣，收縮和退出了基本住宅市場。這時，有個不甘心失敗的建築商，進行了深入的調查研究，試圖弄清這一反常現象的癥結所在。經過大量的走訪，他苦思冥想後探究發現，人們的購房觀念早已發生了變化，特別是年輕夫婦購買第一所住宅的要求已經今非昔比。於是，這位經營規模很小的建築商豁然開朗，找到了絕處逢生、走出困境的機會。原來，年輕的人對待第一所住宅的態度，已經不像祖父輩那樣，把它當成家庭的永久住所，不再打算在這所房子裡長期居住，更不打算住一輩子。他們購買第一間房子，不再是一種價值，而是購買了兩種價值，第一為了結婚成家，暫時購買，臨時住上一陣子，第二是購買了一種選擇權，即購買了一種幾年後購置他們真正永久住宅的選擇權。而真正永久的住宅，要求要位於較好的地段，附近有較好的學校，房屋要寬敞舒適，結構完美。並且當他們第二次購買真正永久性住宅時，由於房價昂貴，第一間房子必須做為第二次購房某次付款時，需要利用而累積起來的資產。到此，那個建築商終於明白了基本住宅銷售不動的原因。由於基本住宅的特點限制，暫時可以住，但將來能否會以適當價格轉讓出去就成了第一難題，如果不能順利轉售，它就剝奪了以後購買真正永久住宅的選擇權，不僅無法滿足購房者的兩種價值需要，反而成為實現這兩種價值的負擔和障礙。而當時大多數住宅建築商只考慮到住房只是住的功能，只在住的功能設計和價格高低上下工夫，忽略了消費者的購買意圖，不瞭解購房者的消費心理和真正需求，這就是基本住宅銷售失敗的癥結所在。

找到了病症，這位建築商對症下藥，毅然進行了市場創新，像天牛幼蟲一樣，開闢了一條新的市場通道。他認真聽取購房者的意見和建議，大膽將一些條件位置不利的基本住宅改為第一幢住宅，將位置條件比較好的基本住宅，認真改造升級成為永久性住宅。同時制訂了新的銷售策略，他向年輕的購房者保證，如果他們想轉售房子，他會按一定價格幫助他們出售，其條件就是必須在五到七年的時間內，購買他公司的永久性住宅。實際上，前面已經介紹過，他公司的永久性住宅不過是原來的基本住宅的升級版。

這一創新，採用了與眾不同的行銷策略，開闢了新的行銷通道，果然問題就迎刃而解，收到了奇效。這位小小的建築商不僅售完了他的基本住宅，而且僅用短短的五年時間，就將原來經營範圍僅限於一個大城市的小公司，發展成一個業務拓展到七個大城市，在每個城市都是數一數二的大公司。而且大家不要忘了，那時正是美國建築業大蕭條時期，就算一些較大的建築商，在一個季節裡可能都賣不出去一間房子，而這個建築商卻能逆流而上，創造奇蹟，只能說是新的行銷管道、行銷方式帶來的巨大魔力。

怎麼辦？

企業創新市場的能力是一種綜合能力，體現了企業研究與開發、生產組織與管理、市場行銷與推廣的各種能力水準，並反映這些能力互相作用，整體協調發揮的狀態和效果。它是企業內部組織自我調節、自我發揮能力的再現，也是企業對於外部環境變化的適應能力的檢驗。像天牛幼蟲一樣，不斷拓展新的創新市場隧道，提高市場適應能力，開闢前景廣闊的潛在生存市場，才能有更好實現企業的創新市場、拓展市場的一個一個目標，才能不斷提高企業創新市場的能力和水準，才能使企業時時刻刻有食可吃，才能挨過漫漫寒冬，才能一步一步發展壯大，才能化蛹為蝶，衝出牢籠，一躍而成翩翩飛舞美麗的蝴蝶。

一語珠璣

不要強近推銷。不是賣顧客喜歡的東西，而是賣對顧客有益的東西。

——松下幸之助

法則35

蜣螂「推糞球」

——有足夠的技術儲備才能走的更遠

夏秋之際，在田野和土路上，人們經常會看到一隻隻蜣螂忙碌的身影，牠們滾動著一個個圓圓的糞球不停地前進，被人們戲稱為「屎殼郎推糞球」。蜣螂為什麼會推糞球呢？難道是在玩推球遊戲，或者是進行體育運動，鍛鍊身體？當然不是，牠可沒有人類那麼有雅興。蜣螂夫婦在空中飛來飛去，尋找著動物的糞便，一旦發現動物的糞便，立即停下來，開始工作。蜣螂的額頭扁平，特別寬大，上面長著一排堅硬的扁齒，特別像豬八戒揮舞的釘耙。蜣螂夫婦用額頭的釘耙，從糞堆的邊緣開始，把糞堆切割出大小自己能推動的一塊，把這塊糞壓在身下，用三對靈活的足不停地搓動，經過反覆不斷的搓、滾、磨，把糞塊搓成圓滑的糞球，然後，蜣螂夫婦就會精誠合作，開始滾糞球工作。丈夫在前面撅著屁股倒退著使勁拉，妻子在後面用屁股頂著糞球用力推，遇到障礙物，後面的妻子就會低下頭，用屁股使勁把糞球頂過障礙物。直到推到鬆軟的土地上，蜣螂夫婦就會停下來，在糞球上交配產卵，最後用頭和腳挖個深深的洞，把藏滿蟲卵的糞球推入洞中，掩埋起來，為牠們的後代順利成長，準備了充足的食物。

一個企業要想可持續發展，必須有足夠的技術儲備，就像蜣螂夫婦一樣，為幼蟲的順利成長儲存下足夠的事物。在企業的成長過程中，除了應該準備足夠的資金、人才、行銷，更重要的是要有足夠的技術儲備。經濟發展狀況比較好的時期，很多缺乏關鍵技術儲備的企業，為了發展，產品仿製成風，稍有產品露出暢銷的苗頭，眾多企業就會一擁而上，仿製濫製，爭相降價，惡意競爭，雖賺取了一定的利潤，卻沒有發展的後勁。經濟危機一來，在殘酷的競爭面前，很快大浪淘沙，被淘汰出局。而那些剩者，都是有足夠的技術儲備，擁有自己核心競爭力的企業。

很多企業忽視技術儲備，原因是沒有長久發展的戰略眼光，認為技術儲備耗時費力，用處不大，不如跟風模仿或市場臨時收買，來得快，來得實惠。

【趣聞快讀】

物理學家佛蘭克林，有一次邀請眾人參觀他的新發明，其中一個闊太太看了他的發明後，揶揄地問：「可是，佛蘭克林先生，它有什麼用呢？」佛蘭克林立即反問道，「尊敬的夫人，新生的嬰兒又有什麼用呢？」

很多技術儲備看似與眼前的企業生產經營無關，不能直接創造價值，但它確實是企業的隱形資產所在，是企業未來利潤的增長點，就像蜣螂埋下的糞球一樣，是企業未來的希望。

法拉第是英國著名的化學家和物理學家，世界上第一架發電機的發明者。他對知識的追求非常執著，為了一項科學研究實驗，常常廢寢忘食，百折不撓，令很多人感到困惑不解。他的朋友、老熟人，稅務官格拉道斯通，有一天來拜訪法拉第，他正在做一個實驗。在格拉道斯通看來，這個實驗毫無實用價值，便毫不客氣地問：「你花這麼大的力氣做這個實驗毫無價值，即便成功了，又有什麼用處呢？」法拉第輕鬆幽默地回答說：「好吧！稅務官先生，用不了多久，你就可以來收稅了。」

技術儲備，就是企業在開發新產品的工作中，進行的經驗、技術和成果的累積。有了技術儲備，就能保證企業產品不斷創新，並能在生產技術發展中始終處於領先地位，保持足夠的技術競爭優勢。人們常說的技術儲備，一般來說是指廣義的技術儲備，包括技術人才、科技知識、科研裝備和科研成果的收集與儲備，以便在老產品進入衰退期，需要更新換代時，新產品能即時開發生產出來，投入市場，做到新老產品交替上市，互相銜接，持續發展。大家都知道，技術儲備是一種探索性、試驗性的工作，具有很大的風險性，所以很多企業不願為此付出心血和代價。那麼，怎樣才能提高技術儲備的成功率，避免失敗的風險帶來的損失呢？首先，要做好對新產品開發的技術預測、成本預測、市場預測和經濟預測，制訂出科學合理高效的新產品開發規劃；其次，加強技術科研人才的引進和培養，建設一支具有豐富技術經驗、優良的素質、較高解決問題能力的科研創新隊伍，充分發揮他們的聰明才智和創新精神；再次，要依靠先進的試驗設備和手段，裝備現代化的工業生產設備；最後，要處理好基礎研究、技術研究和技術開發三者之間的關係，理順彼此間互相依賴，互相聯繫，又有所不同，有所側重的關係，一切為研製新產品、新技術服務。只有如此，技術儲備才能發揮出最大的優勢來。

【趣聞快讀】

一七二三年，荷蘭著名物理學家和化學家赫爾曼．約爾哈夫離開人世。當人們整理他的遺物時，在他的案頭上發現一本加封的書。這是一本看起來非常精緻的書，封面上赫然寫著：「唯一深奧的祕訣在於醫術。」大家驚喜萬分，如獲至寶。不久，這本書就原封不動地出現在了當地的拍賣市場上。拍賣那天，來了很多參加拍賣的人，事前大家對此書早有耳聞，所以拍賣一開始，此書叫價就非常高，人們爭先恐後，一再哄抬拍賣價，而約爾哈夫的其他著作，統統被冷落一旁。最後，此書以兩萬元金幣的拍賣價，被一個富商買走，買走時此書仍原封不動，未曾開封。當富商帶著書，興沖沖地趕回家，迫不及待地將書啟開封，又迅速地翻了一遍後，結果你猜怎樣？令他大失所望。原來此本共有一百個頁碼，居然九十九頁全是空白，不著一字，只是在書的第一頁上，留下了這位科學家清晰的手跡：「注意保持頭冷腳暖。這樣，最有名的醫生也會變成窮光蛋。」

這樣一本充滿智慧的書，足以與古代女皇武則天的無字碑媲美，而那個買家竟會為此失望，可見並非識貨之人，只是附庸風雅罷了。企業技術儲備，就像約爾哈夫的一句書一樣，雖然代價昂貴，但其潛在的升值空間、價值利益卻非常大。企業切不可像那位買主那樣，跟風冒進，附庸風雅，不切實際地盲目進行技術儲備。

怎麼辦？

高能力、高機動性、高靈活性的技術儲備是企業制勝市場的重要法寶，至於如何用好這一法寶，就需要企業好好思考一番了。

一語珠璣

我首先查看世界需要什麼，然後，努力去發明它。——愛迪生

法則36 負子蟲的天性

——節約從財務分析範本入手

由雌性負責照顧幼兒或擔起孵卵的責任，是大多數動物的習慣，只有少數幾種動物例外。在昆蟲中，就有一種這樣盡責的好父親。雌雄交尾後，雌蟲就將卵產於雄蟲的背上，雄蟲背負著蟲卵，開始當一個盡責的好父親。當蟲卵需要呼吸時，牠就會爬出水面；當蟲卵碰到危險時，牠就趕緊躲到水裡。直到幼蟲孵化出來，整個卵殼脫落，牠才結束背負蟲卵、照顧蟲卵的責任，這種昆蟲就是負子蟲。

企業擁有自己的財務分析範本，就像負子蟲背負蟲卵一樣，對自己的經營狀況，未來形勢，有個清醒的認識。

財務範本的作用當然是為了財務分析。財務是企業的經脈，科學合理的財務分析，能恰當地反應企業過去和現在的整體狀況，並能預示企業未來的走勢。財務分析就是企業的截面圖，有了這張截面圖，企業的情況自然一目了然。

【趣聞快讀】

已經到了年底，神龜賽馬公司董事長龜王，急忙緊鑼密鼓地張羅籌備賽馬銷售總結慶功宴會。每年除夕都要舉行慶功宴會，這是神龜賽馬公司多年堅持的慣例，而且每年宴會上，龜王都要給每個下屬分公司的經理們發放紅包，今年自然也不例外。宴會開始前，牧場經理綠毛龜、繁育中心經理蛋龜、財務部經理金銀龜等一一走到龜王面前領取了根據業績不同，獎勵給的大小不同的紅包，領到紅包後，他們都興高采烈地坐回自己的座位等待宴會開始。

陸龜曾經在和兔子賽跑中奪得了冠軍，令龜王十分器重，自然就將最重要的銷售公司經理一職，交給了他。輪到陸龜到龜王面前領獎時，根據陸龜每年30%的銷售業績增長情況，龜王問，「陸龜經理，您預計公司來年的銷售計畫能增長多少？」陸龜聽後，充滿信心地高聲答道，「經過一年對新市場的拓展和原有市場網路的精心維護，我認真測算過，如果不出意外，銷售增長60%是沒有太大問題的！」龜王聽後笑著拿起一個最大的紅包說：「祝賀您今年取得的突出成績和為公司做出的傑出貢獻，這個最大的紅包理應是您的……」陸龜見到龜王要把最大的紅包獎給自己，滿心歡喜，還沒有等龜王講完，急忙伸手去接，口中連忙說道，「謝謝董事長，謝謝董事長，工作完成的不好，還有差距，實在慚愧、慚愧，今後一定更加努力！」可是龜王並沒有立即把紅包遞給陸龜，而是用一隻手按住說，「今年市場競爭如此激烈，公司的銷售增長率仍然保持在30%以上，實在不容易，與您付出的汗水是分不開的。但公司所賺到的只是滿滿一牧場，但願來年再接再厲，繼續努力吧！」說完，不情願地把紅包遞給了陸龜。

陸龜回到自己的座位後，腦子裡一直思索著龜王的話，百思不得其解，為什麼會是滿滿一牧場呢？如果是現金理當存進銀行或者放在保險櫃裡，怎麼能放在牧場？再說過年了，放在牧場安全嗎？他越想越不對勁，越想越迷惑，只好問坐在身邊的財務經理金銀龜：「董事長說滿滿一牧場是什麼意思？如果是一牧場的現金，那還了得啊？」「你瞎想哪去了？什麼邏輯啊，真是。滿滿一牧場當然是指牧場裡那些沒有銷售出去的，或者簽訂了銷售合約而沒有付貨的，簽訂了銷售合約尚未付款而拒絕付貨的，加上那些付了貨還沒有收回貨款的，哪裡有什麼現金。」

後來金銀龜又說了些什麼，陸龜根本沒有聽到耳朵裡去，連宴會開始他都沒有注意，只是陷入了更深的思考之中。

「如果滿滿一牧場都是賽馬和應收的帳款，那就表示公司根本沒有現金為大家發紅包，發紅包的錢一定是龜王從銀行或其他地方籌措來的，這樣一來，一定會使公司的資金流轉不暢，財務管理成本增加，費用開支大幅度增長。」

「如果在繁殖規模不變的情況下，公司一年只賺來了牧場中賽馬數量的不斷增加，那就說明了賽馬的品質已經發生了問題，如不即時進行賽馬品種的升級換代，明年除夕恐怕就不是牧場賽馬爆滿的問題了。」

「只賺到滿滿一牧場，充分說明公司的管理和制度等軟體建設出現了紕漏。如果是應收款增加，暴露了由誰來負責回收銷售款的責任不明確或安排不合理。這是管理責任，應該由龜王自己來背。」可是這是誰的過錯呢？難道是我陸龜的錯嗎？陸龜一路想下去，越想越覺得龜王特別對自己講的幾句話用意深遠，手裡的大紅包，份量越來越沉重。

「假如公司明年經營效益不好，那我陸龜必將首當其衝被當成第一責任者而成為眾矢之的，多麼冤枉啊！可是如果龜王意識到之所以出現目前這種被動局面，是由於他的管理和制度出了問題，並願意進行調整和改革，那情況將會截然相反，大為改觀，整個公司都可能發生天翻地覆的變化。」──陸龜這樣思考著，不知不覺，宴會已經結束。

金銀龜簡單的幾句財務狀況解釋，就讓陸龜全面瞭解了公司目前的狀況，和清醒地認識到公司存在的經營和管理的問題。這就是財務分析的巨大作用。一般公司的財務分析範本，主要包含兩方面：一是公司主要經濟指標的完成情況，包括公司主營業務收入完成情況、利潤指標完成情況分析、主營業務成本分析和費用分析；二是公司財務狀況分析，包括資產總額、負債總額、所有者權益總額變動分析以及資產分析。

怎麼辦？

透過企業財務分析範本，做好財務分析工作，可以讓管理者透過公司各項財務資料，清楚地瞭解公司整體經營狀況，財務狀況，存在問題和漏洞，即時地做出策略和制度的調整，更好地管理企業，使企業管理發揮出巨大的效益驅動作用。

一語珠璣

你不能衡量它，就不能管理它。──彼得．杜拉克

法則37 蜜蜂保護幼蟲

——做強做好不做大

蜜蜂體內存在一種幼蟲資訊素，蜜蜂透過飼餵幼蟲、對巢房封蓋和幼蟲區域的熱調節對幼蟲照顧得非常周全。蜂后在蜂巢產室內產卵，蜜蜂幼蟲在蜂巢內獨有的育嬰室中生活，由工蜂專門餵食撫育，直到幼蟲成熟化蛹，羽化後破繭而出。蜜蜂對幼蟲的精心照顧和保護，可稱得上是生物界的楷模。

對於企業來說，開發研製新技術、新產品，培育新專利，就像昆蟲產卵，是企業的未來和希望。而要擁有新技術、新產品，必須依靠科學技術人才。人才和技術產品密不可分，保護好產品就是對人才的尊重，保護好人才，就是對產品的保證，二者不可偏廢。技術產品是企業的核心競爭力，而人才是核心競爭力的源泉。

企業每研製開發一種新產品，就如同昆蟲產下一個幼蟲，新生命都是弱小脆弱的，需要精心呵護，仔細保護，才能順利長大。任何新生命的成長都不會一帆風順，都要經過風雨和磨礪，只有採取正確的策略和方法，才能使新生命得到充分的保護。

【案例分析】

知名的美國施樂公司是導引影印機時代的功臣，但很少有人知道施樂公司是如何保護自己的新產品不受傷害的。「塞克洛斯914」乾式影印機的研製成功，給施樂公司帶來了新的喜悅。但新產品如何定位，如何定價，管理階層莫衷一是，但無一例外，都認為價格不會比市場普通影印機高多少。出人意料的是，公司總經理威爾遜卻將它的價格定在了兩百九十五美元的高價位，這令公司其他員工驚訝不已，因為大家都知道，「塞洛克斯914」的生產開發成本僅為二十四美元。為什麼威爾遜經理會定出如此高的價格呢？首先塞克洛斯影印機是採用新技術的創新產品，具有其他影印機無法比擬的優越性能，同時要求公司必須為之提供即時、全面、高質、良好的售後服務。市場上銷售的普通影印機，複印之前必須添加特殊的複印液，而且必須使用一種塗有特殊感光材料的專用複印紙，否則無法工作，什麼也複印不出來。而採用新技術新材料的塞克洛斯影印機就簡便多了，只需要普通辦公紙，三、四秒鐘之內，就能把文字和各種圖片，清晰地複印出來。但塞克洛斯影印機又存在明顯的不足，它結構過於複雜，難以保管、保養和操作。這一劣勢，使這種新產品變得極其脆弱，如果隨意推給市場，放任自流，任其被動發展，很快就會潰敗。威爾遜經理對這種影印機的不足有著非常清醒的認識，他認為只有良好的售後服務，才能彌補這一不足，才能保護好這個新產品順利成長。為此，威爾遜經理決定採取租賃制，禁止這種新產品直接買賣。這樣一來，即維護了塞洛克斯的信用和聲譽，使他人無法隨便持有它，又有利於售後服務的實施，保證了客戶的利益，使客戶不會感到產品不足給自己帶來的麻煩。「運用租賃制，並充實售後服務」，威爾遜經理的設想變成了現實，使施樂公司在世界影印機市場上，曾經一度達到了非常高的佔有率。

施樂公司採取特殊的銷售方式對新產品進行保護，其實就是在培育公司的核心競爭力。對於一個處於起步階段的任何新產品來說，必要的保護措施是非常重要的。做強做好不做大，其實就是做強做好產品，而不是為了規模，不顧產品實際，最大限度地追求產品覆蓋率和佔有率。其實，只有做好做強，產品才會克服自己的不足，度過新生兒生命脆弱的難關，帶來最大化的效益。做強做好，就是強調了產品和服務的品質問題，而這問題的關鍵因素是人的問題。假如施樂公司沒有專門的技術人才研製開發出「塞洛克斯914」這種有別於市場上其他影印機的新型產品，假如這種新產品沒有遇到總經理威爾遜而盲目推向市場，假如威爾遜經理沒有採取對新產品的保護措施，那麼，今天的影印機市場，可能會面目全非。做大的是規模，做強的是產品和人才。一棵樹苗永遠賣不到一棵大樹的價錢，一個雞蛋永遠創造不了一隻母雞的利潤。特別是企業身處經濟危機中，企業家更不能短視，盲目做大，追求眼前利益，極度擴張，不求品質，只求數量，火一把就走，這無疑殺雞取卵，做的越大，危機也越大。

越是危機中，越要愛護自己的專業技術人才。這些人才是企業的命根子，也是企業走出嚴冬，茁壯成長的希望所在。由於迫於經濟危機的壓力，很多企業紛紛裁員，或減薪降資，以求節約人力資源成本。這個做法本身並無可厚非，危機之中瘦身減負無疑是一種有效的策略。但要注意的是，越是這種時刻，企業越不能盲目裁員，並不是說裁去的員工越多就越能減少企業生存成本，因為成本的構成是相對的，效率越高，成本越低，而保證效率的唯一可能就是人才。無論是新技術、新設備、還是新服務，都是透過人來實現的，所以科學裁員，把優秀的、關鍵的人才留下來，再透過合理的待遇和報酬留得住，才是企業過冬的良策。

怎麼辦？

不怕不會做，就怕沒人做。有了人才就不愁沒有產品；有了產品，就不愁形不成企業核心競爭力；有了核心競爭力，企業才能蓄勢待發，成為「剩者之王」。

一語珠璣

把我們頂尖的二十個人才挖走，那麼我告訴你，微軟會變成一家無足輕重的公司。

——比爾・蓋茲

向強者看齊

蘋果公司：創造性的產品發展計畫

Oracle的老闆Ellison，曾於二〇〇〇年登上耶魯大學的講壇，面對耶魯大學即將畢業的高材生們演講：「……你以為你會怎樣？一樣是失敗者，失敗的經歷，失敗的優等生。……而我，Ellison，一個退學生，竟然在美國最具聲望的學府裡這樣厚顏地散佈異端，為什麼？我來告訴你原因。因為，我，Ellison，這個星球上的第二個富豪，是個退學生，而你不是。因為比爾．蓋茲……因為艾倫……因為戴爾也是個退學生，而你，不是。……」演講尚未結束，Ellison就被攆下講台。綜觀ＩＴ界的每一位富有傳奇色彩的人物，無不具有鮮明的個性。正是這些鮮明的個性，才使他們有了令人匪夷所思的創新才能，才能夠給ＩＴ界的發展，帶來強大的驅動力。

踏入個人電腦領域，如果有人問，帶給我們最多新鮮的感受、引領我們一次次體驗電腦帶來的無窮魅力的人是誰，回答肯定眾口一詞：蘋果電腦。無論著名的「1984」還是Macintosh，無論令人豔羨不已的iMac還是美侖美奐的MacBook，無論飄逸靈動的iPod，還是性能優異、功能強大的iPhone，每一次創新，蘋果都散發著無窮的魅力。有人說，蘋果電腦，已經昇華為藝術的代名詞。沒錯，的確如此。

一九七四年，獨具慧眼的史提夫．賈伯斯，從印度旅行歸來，立刻看準了個人電腦市場的巨大潛力。他說服史提夫．沃茲尼克，兩人開始一同設計個人電腦，沒有場地，賈伯斯就把自己的臥室騰出來。第二年春天，Apple Ⅰ在車庫中艱難問世。沃茲尼克身為惠普員工當然會首先想到惠普，但結果令人失望，對於這個木頭盒子一般醜陋的東西，根本提不起惠普的興趣。賈伯斯和沃茲尼克只好變賣自己的家產，自行生產Apple Ⅰ。關鍵時刻，羅納德．韋恩自告奮勇加入進來。也許是共同具有的反叛性格，讓他們選擇了一個特殊的日子，一九七六年四月一日愚人節，蘋果電腦宣告成立。不久，他們艱苦的努力終於得到了回報，一家名為Byte的電腦商店以666.66美元的價格，購買了五十台Apple Ⅰ。這是蘋果電腦邁出的最為重要的一步。第二年秋天，Apple Ⅱ，由沃茲尼克設計完成，雖然Apple Ⅱ遭到了冷落，但卻給蘋果造就了一塊騰飛的基石。

轉眼到了一九七七年，蘋果正式註冊成立蘋果公司，並啟用了新的蘋果標誌，就是沿用至今，家喻戶曉的那個被咬了一口的蘋果。同時，麥克．馬庫拉對蘋果投資了九萬二千美元，這是蘋果獲得的第一筆投資。藉公司成立的東風，Apple Ⅱ以一千兩百九十五美元的售價發布上市銷售。蘋果終於從困窘的車庫中走了出來，成長為一家正式註冊的品牌公司。

不斷進行技術創新的蘋果，當然難逃各著名公司敏銳的嗅覺和犀利的目光。

一九七八年，正當蘋果股票即將上市之際，不可一世的施樂公司主動找上門來，以允許蘋果的工程師們研究早已被他們視為垃圾的PARC作業系統的圖形介面做為回報，預購了蘋果一百萬美元的股票。恐怕施樂自己也沒想到，一百萬美元買來的是一隻凶猛的老虎，養虎為患，反被虎傷：蘋果的工程師化腐朽為神奇，很快將圖形介面帶進了一個嶄新的天地，為蘋果的騰飛插上了有力的翅膀。

八〇年代初，蘋果發布了Apple Ⅲ，首次按照配置的不同，制訂不同的售價。

一九八四年一月二十四日，對蘋果來說，這是個劃時代的時刻，Power Macintosh帶著席捲電腦世界的強烈風暴，呈現在世人面前。蘋果的工程師們，從施樂並不成功的PARC中汲取了精華，又經過千錘百煉，終於把Macintosh昇華為電腦時代發展的里程碑。跟隨Macintosh的風暴，蘋果也達到了事業的頂峰。

九〇年代的一九九一年，蘋果與老對手IBM結成夥伴，蘋果把RISC處理器Power PC的研發交給了IBM。

一九九六年，賈伯斯憑藉著卓越的個人魅力，重返蘋果，並在九七年初宣布了全新的Mac OS戰略。賈伯斯重新扛起蘋果的大旗，立刻顯示出自己在引領蘋果前進的巨大魅力，他所做的第一件事就是於一九九七年八月六日與微軟結盟，以在Mac OS中集成IE流覽器做為回報，換來了微軟的一億五千萬美元投資。

一九九八年春天，蘋果再次推出顛覆電腦世界的新傑作——iMac。iMac剛一面市，如一支興奮劑，令早已開始麻木的PC市場沸騰起來。在功能強大的Mac OS 8.5配合下，iMac很快成為史上銷售最快的個人電腦佼佼者。

一九九九年七月二十一日，iBook再次被強勢推出，十四萬張訂單立刻雪片般向蘋果頭上砸來，接著，賈伯斯連爆新招，推出了完美無瑕的超級電腦Power Mac G4。

二〇〇〇年一月十六日，集成最新Aqua桌面被蘋果推上了前台，基於UNIX的Mac OS X，這是一款設計新穎，玲瓏剔透，晶瑩如玉，處處流淌著唯美輕柔之感的作業系統，使蘋果又一次在全世界驚嘆的目光裡，收穫了無上的榮譽。

二〇〇〇年四月，賈伯斯再次當選蘋果CEO，帶領蘋果以二億三千三百萬美元的盈利，跨進二十一世紀的門檻。此時的Power Mac G4，已達到了雙800Mhz的速度，比起發布之初iMac的速度也已翻了幾番。但隨著廉價易用的PC在全世界的普及，直接帶動了各類電子消費產品的紅火。在PC領域，一場MP3的熱潮正以排山倒海之勢席捲了整個電腦市場和網際網路世界。這麼難得的機會，蘋果當然不能錯過。他們透過非凡的創意，很快推出了飄逸瀟灑的iPod，並深深地紮根在了MP3播放器最高端尊貴的位置。

進入二〇〇七，蘋果電腦推出iPhone，馬上驚艷全球，短短兩年蘋果電腦躍上世界三大手機製造商；二〇一〇年，更推出iPad，重新定義平板電腦，造成業界轟動。

沒有人能說蘋果已經達到了頂峰。就像當年蘋果砸在牛頓頭上給世界帶來了萬有引力的發現一樣，如今這個砸在全世界人們頭上的蘋果，正帶給人們無盡的遐想、全新體驗、快樂的感覺和唯美的享受。

明天，這個被咬了一口的蘋果，會帶給我們什麼樣的驚喜呢？

第八章

學智慧的動物，找一塊安全地帶

法則38 冰層下的生物世界

——再冷的地方也有生機

在南極海岸，隨著部分地區冰層的融化，以前被覆蓋在冰層下的多種奇異生物逐漸被人們發現，鰭成扇形的冰魚、紡錘形的橙色海星等各種新鮮的生物，給人們帶來了一個又一個驚喜。

南極洲的威德爾海，有兩座至少已存在五千年，總覆蓋面積達一萬平方公里的巨大冰山相繼解體。其中一座於十幾年前解體，另一座於二〇〇二年解體。冰山的解體給了人們考察冰下面的世界一次難得的機會。人們驚奇地發現，想像中的蠻荒世界實際上卻是生機勃勃。棲息在這裡的生物，早已適應了海底冰冷幽暗的環境。你看那藍色的冰魚，背鰭長著堅硬的硬棘，如同古人手中搖動的扇子，牠的血液中不含紅血球，血液濃度變得更稀，更容易輸送到全身，在低溫環境中能很好保存能量。再看「長腿」的海星，比一般的五條腿海星還要多很多，牠們和冰魚生活在一起。而成群的海參，總是朝著同一個方向移動。人們還發現了十五個外型類似蝦、可能是片腳類的新物種，其中四種新的刺細胞動物，可能是和珊瑚、水母、海葵等有親戚關聯的有機體。看來，無論怎樣惡劣的環境，都有可能存在著生命，使世界變得多采多姿。

經濟危機的嚴冬裡，彷彿整個人類的生活都結成了厚厚的冰。蕭條、冷寂，如沉睡的南極冰川。

但真的是個死寂的世界嗎？顯然不是，在「冰層」下面，眾多的企業在療傷休養，儲存能量，蓄勢待發。危機也促使眾多未被擊垮的傳統的產業紛紛調整結構、轉型升級。透過退場機制、舊瓶新酒，開發新產品，進軍新領域，從勞動密集型企業蛻變到技術型企業，脫胎換骨，力求新生。

【案例分析】

蟄伏在冰層底下的泰山集團，耐不住寒冬的沉寂，在詹岳霖的率領下，大旗一揮，首度闖進餐飲連鎖領域，開始了新的打拼。一九九七年，泰山集團進入大陸，經過十多年苦心經營，仙草蜜罐裝甜品飲料已經在中國的華南地區擁有了很高的知名度和不錯的市場佔有率。由於口味關係，主力市場集中在華南，生產以漳州廠為主。經濟危機到來後，因原材料、包裝材料的大幅度漲價，使企業出現嚴重虧損，昆山廠被迫轉租給其他企業使用。後來經過戰略調整，試圖從調整零售價格把成本壓力轉嫁出去，並希望很快轉虧為盈。

年輕的詹岳霖，具有非常敏銳的觸覺與企業家的前瞻性，深諳堅守與本業相關的產業發展規則，不盲目，不躍進，不胡亂冒險涉足新領域，同時他具有很好的大局觀和國際視野，行事積極穩妥，領導風格鮮明，果斷有力，面對眾多企業轉型風，他鎮定自若，打穩自己心中的算盤，仔細設計好自己要走的路。

不能坐以待斃，是詹岳霖的性格。他經過市場調查發現，同類型的甜品店基本上都是以路邊攤或甜品小站的方式經營，真正產品好、環境好、格調高的店鋪尚無人涉足。加之泰山集團近六十年的食品研究，已經擁有雄厚的技術力量，發揮自己的特長優勢，建設一家規格高、品質高，價格能夠為大眾所接受的甜品店，應該是順理成章、水到渠成的事情。於是他們決定，在廈門開設一家旗艦店並命名為「仙草南路」，定位在「產品研發中心」和「員工培訓中心」兩個基點上，其目的不是為了賺取多大利潤，因為真正決定勝負成敗的，不在旗艦店，而是接踵而至的第二家、第三家店，以及未來能否成功開啟的連鎖店。按照詹岳霖自己的話說，「如果我能開第二、三家店，這就表示我的營運模式已經成型了，才有相對的利潤。在這之後，我們準備走加盟的路線，但加盟方式也跟人家不一樣，我們不收取加盟費，而是比照之前在台灣開便利商店的方式，只要我們認同你的認真，你交一定的保證金，店我幫你找、店員我來幫你培訓。我說的認真，就是要跟績效掛鉤。不能以『下雨天沒客人』等來做為理由，而是要主動，自己打電話給老客戶也好，或者自己送過去，以台灣的管理來說，當一個人有企圖心的時候，才能成功。」

開弓沒有回頭箭，在如此嚴峻的經濟形勢下，詹岳霖的選擇是大膽的，也是富有創意的。他審慎地研究整個經濟形勢，研究了人們的消費需求心理和市場狀況，並對自身優勢有了清醒認識後才做出的果斷決定。但願「仙草南路」如其所說的那樣，「能為消費者提供『新鮮、自然、美味』優質食品的休閒甜品店，讓消費者在享受到美味產品的同時，也能在良好的環境中使身心都得到放鬆。」在廈門站穩腳跟，進而在大陸站穩腳跟，一步一步，發展壯大。

沒有走不通的路，只有沒人走的路。在經濟危機的堅冰下，畢竟還有廣闊的生活海域。只要有生活，就有商機。像南極深海中絢麗的生命學習，改變自身，適應環境，善於發現，勇於開拓。

怎麼辦？

經濟危機的衝擊下，要求企業要有敏銳的嗅覺和觀察力，時刻關注消費者的心理需求，盯緊市場出現的新動態、新情況，即時發現，即時調研，即時投入開發，即時投放市場，這樣才能在產品生產大潮到來時搶得先機。

一語珠璣

危機不僅帶來麻煩，也蘊藏著無限商機。

——葛列格・布倫尼曼

法則39 溫暖的地方好過冬

——盯緊政府購物券

寒風呼嘯，天寒地凍，在某動物園的暖房裡，曾經看到一幅這樣的場景，一隻大烏龜把頭伸進空調下面，讓人感覺牠恨不得能鑽進裡面。對於嚴冬中的企業來說，什麼才是散發著無盡溫暖的空調呢？那就是政府採購。

【案例分析】

大陸深圳，有一家不到五百人的小規模電子廠，老闆和員工正在緊張地忙碌著。「我們正在與美國南加州政府做生意。」電子廠的老闆高興地告訴每一個給他打電話的人。原來不久前，他們廠透過標霸網的招標競爭，獲得美國政府採購的一筆六十億美元的隨身碟訂單。對這單生意非常滿意的還有標霸網總裁吳高林。吳高林透露，這批訂單是透過美國政府採購發出的，而實際買家是南加州大學。「我們在南加州註冊有分公司，當時每件商品獲標價為十一美元，比第二競爭對手的價格低15%左右。」得到美國政府採購隨身碟訂單後，吳高林立即將該採購資訊掛上了標霸網的中文網頁，並向大陸中小電子企業發出了訂單競標資訊，競標結果，標霸以三十八元人民幣的價格，在大陸採購到了這些產品。訂單簽訂後，供貨企業要在規定的時間完成產品生產，並自行報關，把貨品出口運送到美國標霸南加州分公司，再由加州分公司將貨品運送給購貨方驗收，所有成本加起來約為五十八元人民幣。在三十天內，美國政府購貨方就會結清貨款。所實現利潤，標霸與生產企業各得百分之五十。「美國二〇〇四年的政府採購額為2.2兆美金，稱得上是世界上最大的採購商，經常一個訂單相當於企業一年的產量。」吳高林還透露說，美國政府採購其實並不神祕，標霸已經幫助深圳五十多家企業成功進入了美國政府採購這個龐大的市場。

標霸之所以能做成這麼大一單美國政府採購生意，並非偶然，總裁吳高林為此總結出「得到美國更多訂單」的「成功投標十步法」：「一要透過合適的途徑接觸、認識政府官員；二要加入政府供應商的名錄；三要熟悉各級政府採購條例，以便學會利用條例為自己爭取及捍衛權利；四要密切注視標訊；五要隨時準備提供報價；六要學會從上述三個管道索取標書；七是標書必須按時送達；八是投標後必須採取準備措施，積極準備生產；九是要準備美國一些政府部門來「驗場」，即來看企業的設施、能源等；十是拿到政府的合約之後，必須按時、按質、按量完成政府的採購契約。」

政府採購，一般也稱作公共採購，是許多國家管理政府公共開支的一種基本手段，是各級政府及其所屬機構為了開展日常政務工作，或為公眾提供公共服務的需要，在政府相關機構的監督約束下，按法律規定的要求，以法定的方式、方法和程序，對所需產品貨物、工程建設或公共服務實施集中採購。世界上最早的政府採購法律法規，是美國於一七六一頒佈的《聯邦採購法》，至今已有兩百多年的歷史。

一般來說，實行政府採購制度的國家，通常能節約資金百分之十左右。因此越來越多的國家開始接受政府採購制度。隨著政府採購目標和內容的不斷變化，為了滿足政府採購需求，政府採購的方式也在不斷地改進、完善和更新。

美國政府採購與家樂福、沃爾瑪等商業企業採購不同，具有品種多、數量大、重複性強等特點，而且整個採購實施過程比較公平公正，付款準時快捷。具體說來，美國政府採購的貨品，主要包括政府日常用各種文具、辦公用品、建材、服裝和皮帶、靴子、槍支彈藥、防彈背心、警用車輛等各類警用品。單純辦公文具一項，如加州、紐約州這樣的大州，一年就會發出三百萬到五百萬美元左右的訂單，這些採購公開、公正、公平，只要具備相關的條件，任何企業都可以參與競爭。

很多企業沒有分得美國政府採購這個大蛋糕的一塊，原因大多是根本不知道美國政府採購資訊，不知透過什麼管道、什麼途徑進入這個市場。正常情況下，要想得到美國政府採購資訊，非常容易，可以透過網路、大眾傳媒、政府刊物三個途徑獲取相關資訊。聯邦政府採購資訊網站就是官方網站，隨時公開政府採購資訊，美聯邦採購資料中心隨時可查到超過兩千五百美元的合約資料，經由網路就可以方便查閱；商務部每兩週都會出版簡報，《商務日報》也經常刊登各類政府採購資訊，獲得這些資訊，對企業參與美國政府採購，有著非常大的價值。

海外商業要進入美國政府採購市場，還需要在美國註冊一個公司，因為按法律規定，美國政府不鼓勵海外採購，有些地方政府甚至在採購條件中明確規定，參加競標的企業只能是本地或周圍一定距離範圍內的企業。而在美國註冊一個公司是很簡單的事情，一張有效身分證件，一個有效通訊地址，兩百美元註冊資本，就可以輕鬆擁有一個企業法人資格，然後再進行投標註冊，擁有一個人權號註冊，就具備了參加美國企業政府採購的資格了。有了這個資格，能不能獲得政府採購訂單，那就看企業自己產品和服務的實力了。

怎麼辦？

經濟寒冬中，獲得一份政府採購訂單，對企業來說，無疑是落水之人抓到了一隻救命的手，既救急又救命。所以企業應該利用一切可能的機會，進入政府採購這個大市場，分得一杯羹。

一語珠璣

成功的代價是奉獻、艱苦的勞動，以及對你想實現的目標堅持不懈的追求。

——弗蘭克·勞艾德·賴特

法則40

怕光的鼴鼠

——建立經濟根據地

鼴鼠是一種比較奇特的動物，常年生活在地下。拉丁文中，鼴鼠就是「掘土」的意思。成年鼴鼠，眼睛深陷皮膚裡，視力退化嚴重，幾乎看不見任何東西。由於常年不見天日，一旦受到陽光長時間照射，鼴鼠就會中樞神經紊亂，導致死亡。

任何生物都要找到適合自己生存的環境，企業也不例外，要想活下去，生存環境至關重要。企業生存靠市場，沒有市場，企業就等於失去了生存的土壤，就像鼴鼠離開地下土壤的庇護，受到陽光照射一樣，遲早會死掉。從本質上說，市場具有相似性和差異性的區別，從空間分布來說，又分為整體市場和區域市場。如果企業在整體市場沒有優勢，不妨創造局部優勢，像鼴鼠一樣，建立自己的根據地。現代企業區域市場競爭的致勝策略往往是這樣的：與其在整體市場上短兵相接、刺刀見紅，不如在區域市場上贏得優勢；與其在整體市場上爭得極少的比例，不如在區域市場上佔有絕對的佔有率。經濟危機中，對於那些實力弱小，弱不禁風的中小企業來說，要想在強手如林的同質產品市場競爭中贏得一席之地，建立明確穩定的區域市場，也就是自己賴以生存的根據地，就顯得尤為重要。生存第一，發展第二。在有限的空間內創造局部的優勢，搶佔較大的市場比例，並能長期堅守鞏固，進而有效地抵禦來自競爭對手的攻勢，保存壯大自己的實力，是危急中企業生存的關鍵。

【案例分析】

在開闢自己根據地方面，美國戴爾電腦公司創始人麥可．戴爾就是非常好的榜樣。年輕的麥可．戴爾考入德克薩斯大學後不久，很快發現很多同學都想擁有一台屬於自己的電腦。當時市場上電腦高昂的價格，令很多大學生望而卻步，而且那些電腦的性能也不太適合學生使用。同時，他進一步瞭解到，IBM的經銷商，很少有人能完成公司的銷售定額，相當一部分定額會積壓下來。這一發現，使戴爾從中看到了契機，於是，他聯絡戴爾經銷商，要求經銷商以進貨的價格將剩餘的定額全部賣給他。這是一舉兩得的事情，經銷商何樂而不為。戴爾以進貨價買下這些電腦，搬進自己寢室，在小小的寢室開始了自己第一次創業。他首先著手對電腦進行了一些小小的改進，使其性能更加適應和滿足大學生的使用需求，同時根據大學生需求市場的特點，採取低價促銷戰略，以售價比當時當地電腦市場同類機型低15％的價格優勢，把這些透過自己改裝的電腦推銷給大學生。由於低廉的價格和適用的性能，戴爾改裝的電腦很快贏得了校園市場，並且很快面向大眾。一九八四年五月，只有十九歲的麥可．戴爾，拿出了自己所有的積蓄，創辦了戴爾電腦公司，沒過幾年，麥可．戴爾已經是美國赫赫有名的億萬富翁了。

戴爾透過低價策略，不僅使大學校園成為自己產品的市場，也使社會上原來潛在的消費者，變成了現實的消費者，進而擴大了自己產品市場的外延。經濟危機中，企業為了建立自己的根據地，完全可以考慮採用低價策略，用價廉物美來刺激消費者的購買慾，擴大產品銷量，逐步提高產品的市場佔有率。

綜觀經濟危機中的眾多中小企業，之所以節節失利，不堪一擊，重要原因是多數企業未能像鼴鼠一樣開闢出自己賴以生存的根據地，沒有自己明確穩定的區域市場。

那麼，企業如何開闢自己的根據地，建立起明確的區域市場呢？

一、要認清自己產品的特色和優勢。

二、全面瞭解掌握自己產品適合的消費區域，像戴爾那樣認清產品的潛在市場所在。

三、要求採取合理的行銷方式，打入自己認定的區域市場，打開產品銷路。

四、集中優勢兵力，不斷提高自己產品的市場佔有率，做好市場的維護，鞏固產品的市場地位。

這樣，就使企業擁有了自己生存發展的根據地和大後方，接下來挖掘產品市場的延展作用，不斷開拓周邊市場，為企業謀求未來的發展壯大，打下堅實的基礎。

怎麼辦？

不做散兵游勇式的行銷，集中優勢兵力攻佔一個山頭，搶奪一個地盤，控制一個區域，鞏固發展，使其成為自己的根據地。只有如此，企業才能在危急中生存下來。

一語珠璣

挑起一場大得能引起眾人談論，但小到有把握可以獲勝的仗。

——喬納森·科佐

法則41 留得青山才有柴

——減少投資儲存能量

為了能順利度過冬天，整個秋季熊都要拼命地吃東西，儲存大量皮下脂肪。儘管如此，等到來年春天，從蟄居的洞穴裡爬出來的時候，熊的體重只剩下三分之一左右了。危急中的企業就像冬天的熊一樣，收入銳減，入不敷出，所以也應該像熊一樣，減少活動，避免熱量消耗。其中減少投資，保存實力，尤為重要。金融危機造成銀行信貸緊縮，企業融資也陷入了困境。因為擔憂經濟前景黯淡，減少投資和貸款申請，減輕企業資金壓力，勒緊褲帶過日子，也成為多數企業的首選。

投資是市場需求的晴雨錶，危機到來後，市場嚴重萎縮，如果再做投資，無疑會使資產大量閒置。而且投資的延續性會使企業在沒有產出和循環的情況下，慢慢陷入資金後繼乏力，逐漸斷流的困境。投資是櫝，市場是珠，沒了市場這顆金光閃閃的夜明珠，買櫝何用？

【趣聞快讀】

有一個海洋館的工作人員，曾做過這樣一個實驗：每次餵養鯊魚，除了正常的肉類之外，都會投進一些鮮活的魚類。鯊魚看到魚類後，就會快速游過去捕食，進而保持了原始的天性。後來，工作人員在養鯊魚的水池中間，安裝了一塊透明的鋼化玻璃，把活魚投放在沒有鯊魚的另一面。鯊魚看到新鮮的魚後，仍然會如以前一樣，過去捕食，但這次撞上了鋼化玻璃隔板，而那些魚類還在活蹦亂跳地游來游去。捕食的天性使鯊魚一次又一次向魚類衝去，每次都無功而返。這樣反覆多次，鯊魚不僅沒有捕到魚，還撞得遍體鱗傷，而魚類卻悠哉悠哉地自由游動。時間久了，鯊魚逐漸減少了撞擊鋼化玻璃的次數，直到最後放棄了撞擊。這時，工作人員撤去了玻璃隔板，繼續向另一側投放魚類，鯊魚卻連看也不看，再也不越雷池一步了。

市場雖然像鮮活的魚類一樣誘人，無奈隔著經濟危機這層鋼化玻璃，如果再貿然投資，就會像鯊魚一樣，碰得頭破血流。這時候，企業應該觀望、等待、養銳蓄精，一旦經濟形勢好轉，再去施展身手。

松下退出熱水器市場，像一枚重磅炸彈，掀起了燃氣具市場的重大波瀾。很多年來，松下熱水器幾乎佔據了東亞市場的半壁江山，擁有如此令人豔羨的市場比例和忠實的消費群體，卻毅然退出，真是令人匪夷所思。但瞭解內情的人都知道，基於品牌全盤考慮，只有壓縮投資，才能集中精力做好主打產品。做為著名家電企業，松下的經營範圍歷來很廣，從電視機、電冰箱、洗衣機、空調、影碟機到各種生活小電器，五花八門，應有盡有。產品種類多，生產基地多，投資戰線拉得特別長，雖然規模上去了，但也使投資過於鬆散，不能集中優勢兵力推出創新產品，直接影響了投資效益。經過戰略調整，松下從大而全開始重視投資效率，停止一些市場老化、利潤低下、效率不高的項目，集中精力投資更有市場前途、回報高的創新產品。在這種戰略思想指導下，松下開始從全球各地多個行業抽身撤退，其中就包括上面提到的技術含量低、利潤空間小的熱水器行業。退出熱水器等行業後，松下集中精力開發生產溫水沖洗座便器。這一產品雖然還沒有得到人們的普遍認可，但其蘊藏的前景是非常廣闊的。同時，松下並沒有坐等經濟危機過去，他們主動出擊，把精力放在了市場教育上。他們打破了以往在家居市場銷售溫水沖洗座便器的格局，在家電、百貨等銷售管道鋪貨，主要目的就是為了讓消費者有更多的接觸和認知的機會，培養人們新的消費觀念，培育潛在的市場，悄然等待銷售春天的到來。

資金流是企業的血脈，過多的投資，勢必需要更多的血液供應，而危機時期，資金流的保證就成為了最大問題。到處都沒有錢，企業沒有，消費者也沒有。這時候，做為企業，看緊自己的口袋，細水長流，把好鋼用在刀刃上，保證自己的主業不致陷入危險境地。留得青山在，才不愁沒柴燒。

怎麼辦？

危機中，企業冬眠當然並非坐以待斃。守住原有市場，鞏固原有市場，尤其是主打產品市場，堅決不能丟掉。一方面守住原有主陣地，一方面要即時瘦身，甩掉那些邊緣化的投資，盡量減少內部消耗，積存體力，熬過慢慢嚴冬。同時，像冬眠的母熊一樣，孕育新的生命，研發新的產品，一旦經濟復甦，人們的消費欲望增強，正是新產品搶佔市場最有利的時機。

一語珠璣

我曾花大量時間觀看衝浪者，你知道他們在花費大多數時間幹什麼嗎？等待，不是無精打采，而是全神貫注地等待。他們對許多次級浪置之不理，只是等待最有潛力的那一輪浪。只要那一輪浪來到，他們立刻就會行動。

——韋斯特

法則42

冬眠是個寶

——無為而治並非無所做為

冬眠是動物對外界不良環境，如寒冷、事物缺少的情況的一種適應，這種狀態下，動物的生命活動處於極度降低的狀態，例如蝙蝠、蛇、刺蝟、烏龜、極地松鼠等都有冬眠的習慣。到了冬天，烏龜就會進入冬眠狀態，牠會找個安靜隱蔽的地方，把自己長期縮在殼中，不吃不動，呼吸次數減少，體溫降低，血液循環和新陳代謝的速度減慢，消耗的營養物質也降到了最低，有時甚至會呈現出一種輕微麻痺狀態，就像人休克一樣。當然，如果受到人為劇烈的干擾，或者環境發生巨變，尤其是溫度異常變化，也會使冬眠的烏龜甦醒過來，但發生這種情況，就會大大降低烏龜的體質，影響烏龜第二年的生長和繁殖，嚴重的會導致死亡。

具體到企業管理，由於企業所處的經濟區域不同，行業不同，市場環境不同，自身的發展階段也不同，管理模式當然也不會相同。如果企業實力不夠雄厚，市場又極度萎縮，收入不能維持企業大規模生產經營的需要，這種情況下，企業不妨向烏龜學習，採用休克療法，最大限度降低消耗，保留最後的體力。

一般情況下，經濟危機發生後，消費者欲望嚴重受挫，購買力大幅度下降，使企業產品積壓，造成停產停工，經營難以為繼。這種情況下，企業要穩住陣腳，要根據自身情況，制訂合理有序的安全過冬計畫，既能度過眼前難關，又能為春天復甦振興，做好充分的準備。

一、要偃旗息鼓，節約宣傳成本，取消各種廣告和行銷宣傳活動，使產品形象、企業形象，停留在危機前的狀態。這樣有利於保護產品和企業給市場留下的穩定印象，不因危機的衝擊而造成重大損害。

二、要從一些沒有得到充分開發，業績小，還不成熟的邊緣市場悄然撤退，不背包袱，不拖後腿，節約銷售成本。對市場進行重組，只保留那些穩定成熟的市場，認真打理，精心維護，做為最後的根據地，保留希望的火種。

三、調整產品和服務結構，堅決捨棄那些效益不佳，前景黯淡的老化產品和服務，節約生產成本。集中人力物力，挖掘出主打產品和服務的最大潛能，既能維持產品和服務的市場形象和地位，又為企業度過難關積蓄能量。

四、要精簡人員，該裁減的裁減，該休假的休假，只保留關鍵部門和關鍵位置的核心成員，保持好企業基本管理框架，節約管理成本。

五、要減少各種不必要的社會活動，爭取政策優惠和補貼，不鋪張不浪費，節約社會成本。

總之，特殊時期有特殊的要求，採取特殊的管理模式也是順理成章的事情。休克療法的好處就如烏龜冬眠，看似奄奄一息，如同死人一般，其實孕育著頑強的生命力，只要春天還會來，企業就不會因此倒閉破產。

【案例分析】

某小鎮一家餐館，長期出售當地生產的一種啤酒，每天兩桶，經年累月都是如此。有一段時間，這種啤酒的銷量突然大增，每天兩桶都不夠賣，一連持續了幾天。於是，餐館老闆決定增加進貨量，由每天兩桶改為每天四桶，結果，四桶啤酒也全部賣出，銷量較原來一下子翻了一倍。不僅這家餐館如此，整個地區的餐館，這種啤酒的銷量都普遍上揚。這種情況持續了一段時間後，由於啤酒廠產量有限，無法滿足市場的需求，出現了供不應求的現象，使這種啤酒很快成為當地的搶手貨，每天到啤酒廠進貨的人排起了長龍。為了滿足市場的需求，啤酒廠決定追加投資，擴大產量。又過了一段時間，當啤酒廠投資到位，新增設備投入生產時，市場銷量卻恢復到了增長前的水準。新增產的啤酒堆積在倉庫裡，無人問津，造成大量庫存積壓。這次投資擴張，讓啤酒廠損失慘重，資產擱置、資金斷流，資不抵債，最後導致破產。是什麼原因導致啤酒突然銷量大增又快速回落呢？後來人們調查發現，當時，有部電影正在整個地區播放，電影無意中為這種啤酒做了廣告，使人們愛屋及烏，突然喜歡上了這種啤酒，隨著電影影響的消失，人們慢慢地對這種啤酒失去了興趣。

無為而治只是一種特殊時期的特殊管理方法，並非放任自流，被動等死。無為而治不等於不治，就像人睡覺，心臟大腦等肌體同樣有條不紊地工作一樣，企業雖然睡著了，但仍然保持著對市場、對環境的敏銳感覺，一旦春風吹來，就像烏龜爬出洞外一樣，復甦的日子就不遠了。

怎麼辦？

在蕭索的嚴冬中，無為而治不失為企業保存實力，靜待復甦的良方。當然，無為而治時，一定要平心靜氣，穩住心神，不能一有風吹草動，就盲目出洞。要嚴防環境迴光返照式的偶爾變化，如果倉促應戰，就會導致企業自亂陣腳。

一語珠璣

無能則可使眾人之能，無知則可使眾人之知，無為則可使眾人為之。

——胡適

向強者看齊

富國銀行：理性地收購，建立更大根據地

美國的次貸危機引發了這次經濟危機，這是美國金融界的一次大動盪，無數銀行遭到了虧損乃至破產的打擊。可是有家銀行的情況出人意料，不但沒有受到損失，反而在二〇〇九第一季度淨盈利三十億美元，平均每股盈利高達五十五美分，遠遠超出了市場預計！這就是富國銀行。

富國銀行是美國五大銀行之一，也是美國第二大住房貸款銀行。以一個貸款銀行，它是如何在危機中拓展利潤的呢？

我們從富國銀行的發展歷史來談起。一八五二年，富國銀行成立，歷經多位總裁經營，到了一九九八年資產達到九百三十億美元。這時，一位金融界大亨為富國銀行帶來新的機遇，此人就是金融界赫赫有名的理查·科瓦塞維奇。

科瓦塞維奇可是位厲害角色，早在一九八〇年擔任諾威斯特銀行首席營運官時，分析師們一致希望銀行不要再涉足住房貸款了，他卻執意為之，十分看好房貸市場。九〇年代末，在各家銀行紛紛關閉分行時，他卻增加分行業務。在其他銀行高價收購投資銀行時，他又不為所動。一系列與眾不同的舉動讓他贏得「怪才」美譽。湯瑪斯·布朗在談起他時，曾經這樣說：「無人可以長期打破傳統思維的習慣，並能夠保持正確。」言下之意，科瓦塞維奇一貫反常態、反常人的思維和做法，不可能永遠正確。

在科瓦塞維奇長期與眾不同的決策中，曾經遭到許多反對，特別是一九九三年之後，他出任諾威斯特銀行CEO，開始大舉併購活動，先後收購了七十七家銀行，大部分資產不到十億美元。這讓華爾街的分析師們大跌眼鏡。可是到一九九八年，諾威斯特銀行已在美國十六個州開設三千八百三十家辦事處。

一九九八年十二月，他打破傳統做法，以三百五十億美元收購資產高達九百三十億美元的富國銀行。在紐約召開會議宣布這一提議時，上百個基金經理和分析師參加了會議，當科瓦塞維奇向在座各位提出「喜歡這起收購的，請舉手」時，全場啞然，無人舉手。

當時，巴菲特的伯克夏．哈薩維公司持有富國銀行8％的股票，他也不同意科瓦塞維奇的收購，並找到他，親口對他說：「富國和諾威斯特並不相配。」

然而，科瓦塞維奇不懼反對，頂著巨大壓力進行著自己的計畫，因為他看到了富國銀行帶給他的一個機會。原來，富國與諾威斯特合併前，曾經收購加州第一洲際銀行，卻因為種種原因，沒有成功。所以與諾威斯特合併之後，股價開始下跌。

富國股價下跌，科瓦塞維奇認為是良機，因為第一洲際銀行在美國二十一個州都有分行，其中只有兩家與他的銀行業務重疊。就是說，富國銀行可以為他擴寬十九個州的業務，這可是巨大的空間。

與此同時，科瓦塞維奇還收購了另外三家銀行，這些銀行削減成本45％。結果證明，科瓦塞維奇對了，三年後，他成功地使富國走向更大更強的行列。巴菲特不得不對他刮目相看，並在二〇〇二年增加了三百萬股股分。

對於來自他人的看法，科瓦塞維奇也有自己的說法，他說：「我喜歡實話實說，我不是為了讓人喜歡我，不是為了讓人關注我。不過，誰都清楚，沃爾瑪和家德寶獨霸天下之前，也沒有多少人知道他們。」看來，他還是我行我素，並希望創造最大的輝煌。

在收購富國後，為了充實金融產品，科瓦塞維奇用五年時間連續收購了十八家保險公司、三家信託公司、三家資產管理公司和一家基金。這樣的話，富國銀行的融資利潤每年以14%的速度增長，而與之競爭的主要對手增長率僅為4%。到二〇〇八年，富國的資產達到四千兩百億美元，業務涉及銀行、保險、投資、抵押和消費信貸多個方面，成為美國五大銀行中資產最少，資產回報率卻最高的唯一銀行，淨息差高居榜首，達到5%。

二〇〇八年十二月，在經濟危機爆發之時，富國銀行以一百二十五億美元的價格收購了美聯銀行，阻止了花旗銀行的收購計畫。美聯銀行是這次危機的虧損者，深陷住房抵押貸款泥沼中，因此富國收購後，首個季度遭受了虧損，金額達到27.3億美元。進入二〇〇九年後，富國股價也一度縮水超過60%。

可是，如當初收購富國一樣，科瓦塞維奇認為這是一次良機。而且這次與他持相同看法的還有巴菲特，巴菲特預言：富國將從信貸危機導致的低利率中獲益匪淺。二〇〇九年，美國住房抵押貸款下跌到5%，突破歷史最低，為貸款銀行復甦創造了機會。

果如所料，二〇〇九年第一季度結束，收購美聯後的富國銀行光住房抵押貸款這一業務的總額就達到一千億美元。五月，巴菲特在股東年會上高度認可科瓦塞維奇，稱富國銀行是家「紀錄極好」的公司。是的，不只巴菲特這麼認為，二〇〇八年，富國銀行被穆迪公司評為債務等級3A級，是目前唯一被評為3A級的美國銀行，二〇〇九年上半年利潤達到三十五億美元。

第九章

剩者為王的過冬精神

法則43 以生存為第一

——利用資訊策略為企業瘦身

【趣聞快讀】

聖達戈動物世界裡，馴獸師正在帶領一頭胖胖的海象，做著扶地挺身，上肢練習完，接著要進行一下腹部鍛鍊。另一隻叫史賓納的牧羊犬正在跳繩，牠的健身計畫是有氧運動。而小豬和海牛已經著手控制飲食，小豬的一日三餐是水果沙拉，海牛只有把綠色菜葉當成大餐了。顯然，這些動物在忙著減肥，肥胖已經威脅到了牠們的生命。

不僅動物肥胖了會威脅生命，如果一個企業患上肥胖症，也是要命的事情。表面看來，企業患上肥胖症的原因很多，但仔細觀察，真正造成組織肥胖，成本不斷增加的根源，可能是企業的組織基因出了問題。這種類型的肥胖，一般稱為基因型肥胖。對症下藥，針對這種情況，企業要想健康地瘦身，就必須拿組織基因開刀，從決策權、激勵策略、資訊因素、組織框架等DNA的基本構架方面來尋找組織肥胖的病因，並逐一找到根除病症的良方。

通常情況下，很多企業在控制成本、縮減開支方面，常常像大多數女性熱衷於嘗試各種速效減肥方式那樣，希望一步到位，恨不得立刻實現快、狠、準的瘦身目標，例如全面壓縮預算，減少組織機構，精簡職位職能，尤其是萬能祕笈——裁減人員。

不能否認，這些方法都是企業迅速減負的捷徑妙招，但觀其效果，卻很難從本質上解決企業肥胖問題。企業雖然能從裁員中獲得可觀的利益，但裁員不可能從戰略上解決可持續瘦身的問題，更不能做為一種可持續戰略長期實施。就像市場流行的多數減肥產品一樣，減去的不是最該清除的脂肪，而僅僅是擠出了身體裡積存的水分，不僅效果極差，而且弄不好還會引起可怕的副作用。企業這種砍伐式的招數，不單單是砍掉了脂肪，還會傷筋動骨。

那麼，企業在減負過程中，到底要從何處下手，需要扔掉什麼，減掉什麼呢？前面我們已經提到，除了組織框架，決策權、激勵策略、資訊等來自企業DNA方面的因素，往往起著決定性作用。這些隱形的基因因數，才是造成企業浪費的誘因和源頭。低效的流程、模糊不清的成本資訊、碎片式的工作職能、資訊不明的決策、錯位的激勵策略等等，無不是潛伏在肌體組織裡的刺客，時刻對組織的效能痛下殺手。

因此，做為企業的管理者，必須關注到企業肥胖的所有因素，不管是結構性還是非結構性的，通盤考慮，綜合分析，系統操作，才能達到可持續的瘦身目的。

前面的一些章節，對結構性減肥和決策成本減肥，已經有過詳細的論述，這一節說一說資訊策略對企業減肥的重大影響。

企業在缺乏準確適當的資訊情況下，雖然能夠做到決策權的正確合理分配，但這種分配往往顯得毫無意義，甚至適得其反，進而造成組織效率低下，產生更高的成本，加重企業的肥胖。例如，當無法獲知企業內部清晰準確的成本資訊時，業務部門就會感覺手中握著一張空白支票，可以隨心所欲地大把大把開支，而不會顧忌成本問題。

很多企業管理者，常常覺得ＩＴ投入像個無底洞，扔進多少都難以得到回報，甚至連點響動都沒有。什麼原因造成這種局面呢？其實就是組織的成本資訊策略出了問題，給整個組織構成單位造成了資源使用錯覺，認為ＩＴ資源是天生就有的免費資源，人人可以盡情享受，而不需花費任何代價。如果一個企業從未對各個所屬部門享用企業總體資源要求回報，從未考慮將像ＩＴ這樣的公共資源，投入分解到各個單元業務的預算中，並且不將其投入做為單元業務的一部分成本加以計算和考核，那麼情況就會很糟，就像用電不考慮線路損耗，只計算電器的用電量一樣。這種情況下，對於下屬部門來說，根本不去關心預算的合理性和成本控制，他們只有一個目的，就是最大限度地使用這些公共資源，以便使自己的工作能更好地完成。為此，企業公共資源成本節節攀升，浪費巨大，不斷吞噬企業的現金流，最終導致企業運行艱難，就不是什麼怪現象了。

怎麼辦？

只要搞清了癥結所在，解決這個問題並非難事。如果要控制公共資源成本，最佳的方法就是採取合理的資訊策略，使資源成本透明化。讓每個部門都明確知道公共資源的成本，並且將公共資源的內部供應市場化，明碼標價，有償使用，使其納入各部門單元業務的成本體系，這樣，各部門就可以根據實際的公共資源需求進行自身的成本管理了。浪費在源頭上的問題，就會得到遏制。

企業減負，該扔的扔，該減的減。但什麼該扔，什麼該減，做為企業的管理者，必須能清楚地看到這一點。

一語珠璣

一個成功的決策，等於90％的資訊加上10％的直覺

——S.M.沃爾森

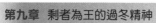

法則44
也可以對冬天毫不在乎
——企業要有完善的應對措施

冬天，無論是廣袤空曠的原野，還是炊煙嫋嫋的鄉村，人們到處都能看到麻雀活蹦亂跳的身影。這種看似弱小的生物，對寒冷的冬天好像毫不介意。麻雀之所以能夠在寒冬中頑強地生存下來，一定有其應對嚴寒的各種措施。牠與燕子不同的地方在於：首先，改變了飲食結構，冬天雖然沒有蟲子，但吃草籽穀粒也一樣很香；其次，羽毛更能夠抗拒冬天的嚴寒，實在不行，牠們會選擇溫暖的地方棲息。正因為有了這一系列的保障措施，麻雀才能對嚴寒的冬天毫不在乎。企業也是這樣，只要有完善的應對措施，也可以對冬天的風險不以為然，安穩地過自己的日子。

一般來說，每個企業都要面對以下的風險，即資訊決策風險、市場風險，以及機制和流程風險。企業風險的爆發，可能是緩慢的，也可能是瞬間的，這就要求企業必須時刻樹立風險意識，未雨綢繆，建立起完整有效的風險防禦機制，制訂出科學的風險應對措施，才能在風險爆發時，不至於手忙腳亂，把風險帶來的損失降到最低，讓企業順利度過難關。

【案例分析】

二〇〇六年初，刊登在《國際金融報》上的一篇文章《芝華士十二年：「勾兌」了多少謊言》，由此把中國的芝華士推進一場品牌信任危機中。文章根據一位不願透露姓名的「知情者」所瞭解的「芝華士12」成本資訊，向芝華士的經銷商，保樂力加中國公司提出了措辭極其嚴厲的四項質疑：

1、「芝華士12」成本：「二十五元」締造「億元神話」？

2、在華產品銷售：大陸市場沒有真正的十二年酒？

3、全體員工赴英旅遊：暴利下的奢侈？

4、品牌價值：「變了味道的水」？

一連串咄咄逼人的發問，瞬間把遠離普通民眾消費者的奢侈品洋酒芝華士扯下了神壇，「芝華士成本謊言」一時間成為網路、報紙、電視等眾多傳媒上最醒目的話題，迅速傳遍了整個大陸市場，芝華士在華信任危機全面爆發。

面對突如其來的危機，我們來看看芝華士方面是如何應對的。

就在文章刊登當天，保樂力加中國公司立即委托它的公關公司發布了新聞公告，指責《國際金融報》的文章毫無事實根據，要求對方予以澄清和糾正，並進行書面道歉。然後，公告對「芝華士12」產品的生產年分控制和成本構成做了比較詳細的說明。

四天後，芝華士生產商保樂力加集團就以蘇格蘭威士忌協會的名義，透過《第一財經日報》向公眾表示，「芝華士12」的年分是足額的。針對僅二十五元人民幣成本的說法，保樂力加中國傳播總監王玨透過媒體向公眾透露，「光增值稅一項就超過二十五元人民幣。」至於芝華士酒的總體成本，保樂力加公司出於商業機密考慮，拒絕向外界透露具體資料。

緊接著第二天，蘇格蘭威士忌協會、保樂力加中國公司、保樂力加集團下屬的英國芝華士兄弟有限公司，在上海聯合舉行記者招待會，向公眾重申「芝華士12」是用在橡木桶中醇化了至少十二年以上的多種威士忌調和而成，不存在品質上的問題。

發布會上，保樂力加總經理，現任蘇格蘭威士忌協會首席主管、芝華士兄弟公司首席調酒師以及芝華士亞太區副總裁、英國駐上海總領事館及歐盟駐華代表團代表等眾多高層人物紛紛到場，現場接受記者詢問。蘇格蘭威士忌協會、歐盟和英國駐華官員等人先後現身說法，從行業協會和政府組織的兩個層面，表達了對芝華士的明確支持的態度。

芝華士風波發生後，保樂力加公司之所以能在第一時間做出反應，主動出擊，用最有效的措施消除風波對芝華士品牌造成的衝擊，原因之一是公司強烈的風險意識和完善的應對風險的制度。風波出現後，如果公司無動於衷，被動應付，那結局可能就是芝華士品牌在華的徹底崩潰，在華市場的土崩瓦解。可見建立風險防範機制，對一個公司存在發展的重要意義。

儘管目前對企業風險還沒有明確的定義，但一般管理者都認為，企業經營過程中對未來事項預期的不確定性，和對企業業務目標具有關鍵性影響的因素以及自身的不確定性等等，構成了企業風險的主要方面。有利益存在的地方就有風險，以謀求利益最大化為己任的企業，風險無處不在，無時不在，也是符合事物發展的客觀規律的。企業風險多種多樣，五花八門，內部風險和外部風險、局部風險和全局風險、短期風險和長期風險，傳導性風險和非傳導性風險，都是企業要面對和抵禦的風險。而經濟危機給企業帶來的風險，屬於典型的傳導性風險，就像流行感冒一樣，一家倒下，眾多企業就會發生骨牌效應，紛紛落馬。

企業對風險的防範，一般稱為風險管理，其目的不外三個方面：

一、為了防止不能預見的損失，主要是透過對企業內、外部條件變化所帶來的影響的評估，找到對高風險經營的風險預防和控制措施。

二、為了保證企業收益的穩定，企業主要是透過識別來源不穩定的收入，在制訂預算和規劃戰略時，充分考慮這些來源不穩定的收入對企業經營的影響，和制訂有效措施防止對企業有穩定來源的收入造成的負面衝擊。

三、為了潛在利益的最大化。例如芝華士風波中，保樂力加公司採取的一系列措施和行動，就是為了阻止風波對芝華士品牌的衝擊，把未來芝華士酒的銷售損失盡可能降到最低。

怎麼辦？

防範企業風險，進行有效的風險管理，最重要的是要建立風險管理體系。要將風險和資本結合起來進行管理，平衡控制風險的防範過程，不能因噎廢食，為了防止風險就不斷投資，或經歷一次風險就偃旗息鼓，關門大吉。風險不可怕，可怕是風險發生前不能積極防範，風險發生後沒有即時妥善的應對措施。

一語珠璣

微軟離破產永遠只有十八個月。

——比爾·蓋茲

法則45 麻雀揀食

——穩固與客戶的關係

從小麥灌漿開始，成群結隊的麻雀落滿了麥田地頭的樹梢，牠們吱吱喳喳，不時俯衝下來，啄食剛剛泛黃的麥穗，彷彿是在參加一場盛宴。這樣的情景幾乎每天都在上演，直到小麥歸倉，麥田被翻耕。而另一家賣米的小店，一群數量眾多的麻雀長期聚集在周圍，牠們蹦蹦蹦跳跳，一顆不落地揀食著散落在泥土地上的米粒，從不懼怕行人和過往的牲畜，彷彿一切理所當然。漸漸地，這些麻雀和麥地、小店，早已建立了一種長期穩定的關係，麻雀成為了他們忠實的客戶。企業常常把顧客當成衣食父母，常常喊出客戶就是上帝的口號。其實企業與客戶的關係，遠遠沒有這麼簡單，企業與客戶，是相互依賴、相互矛盾又相互作用、互相促進的關係。

【案例分析】

日本一家設在百萬人口大都市裡的化妝品公司，老闆常常為如何贏得顧客青睞，進而提高市場佔有率而絞盡腦汁。有一天，他看到一群高中生走在大街上，忽然眼前一亮，想出了一個好點子。原來，這座城市每年都有大量的高中畢業生，能為這些剛剛踏出校園的花季少女提供服務，把她們培養成自己重要的客戶，那將是多麼龐大的市場啊？那麼老闆想到了一個什麼樣的好點子，把眾多的高中畢業生吸引到自己的商店裡來，使公司的業務蒸蒸日上呢？

這些剛畢業的花樣少女，一身樸素走出校門，無論就業還是深造，都將脫掉單調的學生制服，學會修飾和裝扮自己，迎接嶄新的生活。老闆瞭解這一情況後，立刻想到了如何滿足她們的需求，他決定每年為這些即將走出校門的少女們，舉辦一次服裝表演會，聘請少女們喜歡的明星和模特兒現場教給她們一些美容技巧，用現身說法感染她們，影響她們，引導她們。每次表演會開始之前，那些即將離開學校的女生，都會收到老闆以公司名義發出的參加表演會的請柬，請柬設計精巧，非常容易討得女孩的歡心。表演會期間，老闆會不失時機地宣傳自己的產品；表演會結束後，他還會贈送給每位參加表演會的少女一份精美的禮物。

老闆當然不會簡單地打發掉自己花費很大代價製造的機會，表演會結束時贈送的小小禮品非同一般，暗藏玄機。在這份禮品中，常常會附著一張申請表，申請表上寫著，如果您願意成為本公司產品的使用者，請您填好申請表，親自交回本公司服務台，您就可以享受到本公司更多優厚的待遇。包括參加表演會、聯歡會、特惠價格購買產品等等內容。那些應邀的少女，除了能欣賞到精彩的時裝表演，學習到美容的技巧，還能得到精美的小禮物，因此大部分少女都會對這家公司產生好感，主動交回申請表。事實上，她們交回申請表時，或多或少都會捎帶選擇一些化妝品買回去。公司把這些申請表按學生家庭所在區域，逐一登記，分門別類裝訂成冊，事後根據申請表定時聯繫問候，隨時為她們提供諮詢和產品服務，滿足她們的化妝打扮需求。據說，每年參加表演會的人數，約佔應屆畢業女生總人數的百分之九十左右，其中很大一部分都會成為公司的忠誠客戶。

一般來說，根據二八定律，一個企業的總銷售額中，百分之二十的忠誠客戶往往會貢獻百分之八十的銷售率，百分之八十的普通客戶分攤剩下的百分之二十的銷售率。因此，擁有多少忠誠客戶，往往決定了這個公司的發展狀況。可以這麼說，忠誠客戶主宰了公司的命運。道理人人都明白，可是企業想真正獲得較多的忠誠客戶，並不是一件容易的事情，並非一朝一夕就能辦到。

總結日本這家公司老闆在培養忠誠客戶這方面的做法，會給人很多有益的啟迪：

一、善於發現潛在的客戶，瞭解那些即將走出校門的高中女學生的心理需求。即將畢業的女孩即將脫去校服走向社會，希望透過修飾和妝扮改變自己的學生形象，使自己變得更成熟、更漂亮，以便能更好適應今後的社會生活。可是又不知道怎麼打扮和修飾自己，更不知道去哪裡諮詢，害怕弄巧成拙。公司舉辦的表演會和名模的美容講解，不僅消除了她們的顧慮，而且進一步激發她們的愛美之心。讓她們開心快樂之餘，熟悉並欣然接受自己公司的產品。

二、透過富有創意的策劃，達到了事半功倍的效果。他組織的服裝表演會和邀請名模講解美容技巧，可謂是神來之筆，正是這富有創意的策劃，使即將畢業的少女們參加公司舉辦的時裝表演會成為一種時尚。無形中，他就把公司潛在的客戶吸引到了自己的公司裡來，並且影響到了後來一屆屆的畢業生，使自己的客戶群源源不斷地湧來。

三、改被動等待顧客上門為走出去請進來，主動培養忠誠客戶。一般企業為了獲得忠誠客戶，往往採取廣告、宣傳等手段，把自己的產品和服務介紹給廣大的消費者，然後就等客戶自動上門。客戶認可了產品，買的次數多了，就成為了忠誠客戶。但這是一個被動等待的過程，由於企業沒有新的客戶源可供選擇，無法採取主動措施將新客戶牢牢鎖住，新客戶成為忠誠客戶的機率，自然就比較低。而日本這個老闆，一改傳統的被動吸引、等待，主動拉攏、收買和培養，透過表演會主動把客戶吸引過來，以申請表、各種優惠政策將其牢牢鎖住，培養出一批又一批公司忠誠的客戶，就是水到渠成的事情了。

怎麼辦？

企業和客戶的關係，不管是魚和水的關係還是上帝和羔羊的關係，其性質都是共生互利的關係。企業如何穩固與客戶的關係，不斷開發培養自己忠誠的客戶群，不僅是企業利潤多少的問題，還關係到企業的生存和發展問題，是企業文化的主體部分。科學的客戶管理，是現代企業家們必須學會的一門功課。

一語珠璣

品質是維護顧客忠誠的最好保證。

——傑克・威爾許

法則46 做最後的勝利者

——勇於淘汰以往的自己

【趣聞快讀】

很多人都聽說過這樣一個故事，兩個鞋廠的推銷員到一個荒島上推銷鞋子，到了島上，他們立即給各自的鞋廠發回了電報，甲廠推銷員說，「簡直棒極了，這個島上所有的人都沒有鞋穿，市場潛力巨大，我將留下推銷。」乙廠推銷員的電報是，「糟糕透頂，島上的人根本不需要穿鞋，沒有市場，我即刻動身返回。」故事就此打住，結局如何，人們不得而知。但是，按照事物發展的規律，不妨做如下推測。

第一種情況可能是，如乙所述，島上的人根本不需要穿鞋，雖然甲廠耗費鉅資進行市場開發，由於產品不對路，始終無島人問津，造成甲廠產品大量積壓，資金鍊斷裂，最後不得不宣布破產。

第二種情況可能是，經過甲廠對市場的積極開發，使島上人瞭解了穿鞋的好處，紛紛購買甲廠的鞋子，使甲廠生產銷售蒸蒸日上，賺取了巨大的利潤。而乙廠由於沒有市場，產品無處銷售，導致關門大吉。

第三種情況較為複雜，甲廠耗費鉅資開發出島上市場後，島上人人都開始穿鞋，使鞋子需求量大增。乙廠看到這種情況，立刻跟進，由於甲廠開發市場投資巨大，產品成本加大，造成價格昂貴，乙廠成本較低，價格便宜，很快就與甲廠平分秋色，最後將甲廠趕出，自己獨霸了島上市場。甲廠只做了乙廠的鋪路石，很快銷聲匿跡。

第四種情況更為複雜，甲廠耗費鉅資開發出市場後，預見島上是個巨大的潛在市場，於是與島人簽訂了壟斷銷售協議，壟斷了島上的鞋子經營權，自己獨霸島上市場，使乙廠只好望島興嘆。

第五種情況最為複雜，甲廠壟斷經營一段時間後，由於沒有競爭者，品質逐漸下降，價格逐漸昂貴，導致島上消費者不滿，制訂頒佈了《反壟斷法》，取消了甲廠的壟斷經營資格。乙廠趁機進入，與甲廠展開了激烈的競爭，由於甲廠經過壟斷經營，累積了鉅額資本，加之長久的生產，技術力量雄厚，不斷開發新鞋子，並採用低價銷售戰略，導致乙廠雖然獲得了一定的市場佔有率，分得一杯羹，但始終無法超越甲廠，始終只能做個追隨者。而甲廠成為了島上的標竿企業，甲乙兩廠慢慢維持住一個相對穩定的格局，共同生存發展了下來。

這五種情況，其實就推演出了商品經濟發展到今天的整個演變過程。在商品經濟形成的初期，情況往往比較簡單，誰是最後的勝利者往往一目了然。而發展到如今階段，情況就變得越來越複雜了。往往在每一個行業都形成了相對穩定的標竿企業，他們是行業的領軍者，規模龐大，資產雄厚，技術先進，人才濟濟，形成了自己的企業文化和獨特的經營之道。如可口可樂、麥當勞、迪士尼等。標竿企業的存在，使競爭有了內在的驅動力，加速了行業的競爭和發展，有利於市場不斷拓展，有利於產品的不斷豐富和更新，對保證產品品質，也起了穩定和促進作用。標竿企業的存在，使人們已經無法用投入和產出的比例來衡量企業的成功與否了，尤其是資本經營時代，用最小的投入獲得最大的產出機率已經非常小，高投入高產出成為一種普遍的原則。追隨者想超越標竿企業，已經不單單是投入的問題了，還包括長期的企業文化積澱，技術力量累積，資訊多元，市場規則的改變等等眾多因素。

當然，追隨者追隨行為，有利於產業的提升和拓展，同時因為追隨效應，也使標竿企業建立的標準顯得愈發重要，其領先的地位會更加鞏固。由於標竿者示範作用，在利益的驅動下，會有很多企業追隨著標竿者的腳步，進入標竿者所在的行業，效仿標竿者，試圖藉助標竿者的餘蔭分得一塊蛋糕。但只要與標竿者處於同一市場，與標竿者共同競爭，效仿者一般會淪落為二、三流的地位，只能做為替補的角色而存在，永遠處於被動的追隨者之列。

經濟危機給追隨者超越標竿企業帶來了機遇，給了追隨者可乘之機。市場的蕭條，購買力的嚴重下降，大大壓縮了雙方的市場空間，使追隨者與標竿企業的市場差距大規模縮小，幾何級的倍差往往變成了一位數的距離。尤其在區域市場，追隨者有望與標竿企業重新洗牌，集中優勢兵力各個擊破，就有可能在局部形成優勢，超越標竿企業。同時，危機的到來，也會使消費者的消費心理發生變化，追隨者的相對標竿企業的劣勢，有可能轉化為優勢，追隨者完全可以透過產品升級，顛覆舊有的市場秩序，在混亂中，發揮自己靈活機動的優勢，獲得發展先機。追隨者此時自己一定不要犯錯，同時要等待標竿企業犯錯，一旦標竿企業犯了錯誤，立即抓住機會，揭竿而起，趁機蠶食標竿者的領地，擴大自己的地盤。這時對競爭對手的打擊，一定是精確打擊，不能出現任何偏差，必須一擊致命，才能徹底把對手踩在腳下。

經濟危機中，企業的競爭更加激烈，無論是標竿企業還是追隨者，都要勇於淘汰自己。所謂淘汰自己，就是勇於捨棄自己落後的技術和產品，即時升級換代，誰的產品創新快，升級快，更早填補消費者的需求空白，誰就會先入為主，成為市場的龍頭老大。

怎麼辦？

比、學、趕、超，企業的競爭，永遠存在先來後到和大小之別。誰犯的錯誤少，誰的技術產品更完善，更能滿足消費者需求，誰的資訊更靈敏，誰的行銷更有力、更對路，誰就會在經濟危機後建立的新的市場格局中搶佔有利山頭。

一語珠璣

可持續競爭的唯一優勢來自於超過競爭對手的創新能力。

——詹姆斯·莫爾斯

法則47 變色龍偽裝

——根據消費心理進行創新

變色龍是一種善變的樹棲類爬行動物，也是自然界當之無愧的偽裝、擬態高手，為了逃避天敵的侵犯和更好地接近自己的獵物，牠會在不經意間改變身體顏色，迅速地將自己融入周圍的環境，然後一動不動地潛伏在那裡。雄性變色龍會把暗黑的保護色，瞬間變成鮮豔奪目的亮色，或者把融入植物色彩之間的綠色變成醒目的紅色，威嚇敵人退出自己的領地。這一生理變化的原因，是變色龍在體內植物神經系統調控下，透過皮膚裡的色素細胞的擴展或收縮來完成的。變色龍這一習性使牠能躲避天敵，同時還起到傳情達意的作用。

變色龍的成功，是一種為了適應環境，不斷創意的結果，這給了企業很多的啟示。著名的可口可樂，其產品品質幾十年沒有什麼變化，但為了給人一種可口可樂一直在變的感覺，每隔幾年就要對可口可樂的外包裝進行一次改進。雖然每次變化都不大，但如果把幾十年的產品放在一起，就會發現期間的變化特別大，隨時適應人們不同的需求心理。這種方法就是模仿變色龍進行的改進包裝創新法，即所謂的新瓶裝舊酒。這種辦法在啤酒業非常盛行，啤酒由於受運輸條件所限，很多品牌都是區域性產品，生產和銷售一般都侷限在很小的一個區域內。消費長期飲用一個品牌，難免會產生視覺疲倦，求新求變的心理就會產生。為了滿足消費者這一需求心理，啤酒廠商往往會不斷地改進啤酒的外包裝，在包裝外觀、顏色、材質等方面，不停地尋求變化，使產品能時時刻刻地保持著穩定的市場佔有率。

企業的生命力就是創意，沒有了創意，企業難以生存，這幾乎就是老生常談。可是，為什麼有些企業卻無法做到呢？其實就是一個產品在消費者心中的定位問題。不明白消費者的需求心理，不能根據消費者需求心理進行產品和服務創意，就永遠找不到創意有效途徑，達不到創意真正的目的。

【案例分析】

沒有人不知道可口可樂那帶有曲線美的瓶子是專利保護產品，無獨有偶，一家成立不久的小公司Built NY，也於二〇〇六年申請到了一個類似的外包裝專利保護產品。這項專利產品非常簡單，就是可裝兩個瓶子的袋子，但這看似簡單的袋子卻有神奇之處，那就是袋子獨特的外觀。

這項專利是由公司的三個創始人創意設計的，家具設計師斯沃特、羅恩和他們的生意夥伴韋斯。創意來自於一個酒類進口商的一次設計業務。一次，一位酒類進口商找到斯沃特和羅恩，請求幫忙設計一種裝酒的皮質提袋，要求設計出來的產品既要外型美觀，還能起到保護酒瓶，使之不被碰壞的作用。任務完成後，產品突然給了斯沃特和羅恩創意的靈感，他們立即想到，很多人經常需要帶著酒參加宴會，卻常常苦於找不到一個新潮實用又價格便宜的袋子，我們何不自己設計一個，滿足人們的這種需求呢？說做就做，很快他們就找到了合適的材質，一種製作潛水衣的材料氯丁橡膠，這種材料隔熱絕緣，柔韌性好，色彩也比較鮮豔，做成袋子不僅可以有效保護酒瓶不被撞破，而且美觀大方，簡潔實用。由於就是一個簡單的袋子，製作工藝不複雜，材料成本也不高，零售價格不到二十美分，所以非常便宜，剛一面世，立即受到了人們的歡迎，很快成為市場的熱銷品。這個小小的創意產品，為他們三人帶來了眾多的獎項，包括二〇〇四年的傑出工業設計金獎，紐約現代藝術博物館禮品商店，甚至將這不起眼的袋子當成藝術品出售，可見其在人們眼裡的藝術價值。

這個小小袋子的熱銷，讓精明生意人韋斯很快意識到了其中潛藏的巨大商機，這款袋子不再是一項簡單的設計，而且是一次成功的創意，一項具有獨特價值的知識產權，已經成為企業的標誌。於是，他們立即申請了專利保護，使他們的公司一躍成為擁有自己的專利產品和自己獨特品牌的知名企業。

企業創意，就是為了滿足人們不同的消費需求。由於消費者都是一個個獨立的個體，對產品的品牌、性能、品質、款式、包裝、價格等等因素的喜好不同，加上收入水準的限制，會有著不同的消費心理和消費需求，形成了不同的消費群體。單從價格來說，常常有高價消費群、中價消費群和低價消費群三個層次。與之相對應的，就會出現高價產品、中價產品、低價產品三種價格的產品。企業的創意，要根據這三個層次的不同需求，進行不同的創意，每一層次的產品，各個方面都要符合這一層次消費者的消費需求。從產品品質、規格、款式、包裝、廣告行銷策略，甚至服務方式，都要定位在同一水準線上，什麼價格、什麼產品、什麼服務，做到整體統一，全方位符合檔次要求。不能穿著綾羅綢緞，戴著露著棉花的破帽子，也不能開著寶馬去討飯，這是一個綜合系統工程，各個方面都要與產品價格定位相匹配。

創意就是為了深化產品概念，強化產品與消費者之間的忠誠關係，所以隨著產品與消費者的關係不斷深化，產品必須時刻進行創意。用嶄新的創意鞏固加深消費者對產品的印象，不斷提高消費者對產品的忠誠度。只有如此，一個知名的品牌才會被逐漸地豎立起來，並發生大規模的輻射擴散作用，進而把企業的產品帶到四面八方。

怎麼辦？

沒有創意就無法生存，每一個企業，都應該把創意做為企業工作的重點。尤其是經濟危機中，只有創意產品，才能在嚴峻的市場上存活下來，也只有創意產品，才能在經濟危機後一枝獨秀，發展壯大。

一語珠璣

不創新，就滅亡。——亨利・福特

第十章
嚴冬遲早過去，做好迎接春天的準備

法則48

春江水暖鴨先知

——感知經濟春天來臨的訊息

驚蟄春雷響，農夫閒轉忙。隨著春風吹來，春天的腳步近了，越來越近了。小草伸出尖尖的腦袋，破土而出，嬌小的花蕾含苞待放。細細的雨絲扯著如煙似霧的紗巾，緩緩飄落。那些藏了一冬鳥兒，上下翻飛，唱出了歡樂的歌，孩子們脫下捂了一冬的棉衣，撒著歡笑，在大街小巷裡穿梭……春江水暖鴨先知，春天眼看就要來到面前了，你嗅到春天的氣息了嗎？

對於企業來說，也許這個冬天過於漫長，過於寒冷了，使他們有些遲鈍，有些痲木，對春天飄來的絲絲縷縷的資訊，沒有感知。雖然人們對經濟危機的走勢紛紛進行預測，但春天何時能來，沒有人能給出確切的答案。有人預測是V型，快速地跌落，又快速地攀升上去，持續時間也就三、五個月；有人預測是U型，跌落谷底的時間時間要長些，一年或者兩年；有人則比較悲觀，認為是L型，三年五載才會有盼頭。但不管多久，寒冬都會過去，春天都會到來。因為人類要生存，要發展；生活要繼續，要進步，要提高。經濟危機把世界經濟多年沉積下來的弊端，集中釋放了出來，井噴式的爆發意味著毀滅，但只有毀滅才有新生。毀滅已經開始，新生正在醞釀。做為危急中艱難生存下來的企業，不僅要為生存殫精竭慮，尋找食糧，還要為春天的到來，做好播種的準備。不能只顧睡覺對外界悄然而來的資訊木然不覺，要像冬眠中的熊一樣，時刻感知氣溫的細微變化。要感知春天的氣息，企業就要具備敏感的嗅覺。

所謂企業靈敏的嗅覺，就是要在正常的氣氛裡，嗅到來自新事物的一絲異樣的資訊，從平常中發現即將到來的差異，用自己的預判能力，捕捉到一閃而逝的機會。

【趣聞快讀】

上個世紀的某一年，一個窮漢為了生存，在路邊架起爐子擺攤賣漢堡，由於沒有文化，不識字，所以他從不看報紙。他的聽力很差，因此也不聽廣播，加上視力很弱，他更不看電視。對於五彩繽紛的世界來說，他簡直無疑是聾子和瞎子，對外面的社會茫然無知。但他吃苦耐勞，工作特別肯賣力氣，烤出的漢堡好吃又便宜，很快就打開了銷路。接著他採取了一些優惠政策，吸引了更多的人來買他的漢堡，銷量和利潤一下子又增加了很多。於是，他購進了更多原料，烤出更多的漢堡，銷售出了更多的產品。一個人忙不過來了，他就雇請了幾個員工；一個爐子不夠用，他就添加了一個更大更好的爐子；有顧客不方便前來購買，他就送貨上門。他的漢堡越生產越多，名氣越來越大，購買的人也越來越多，銷量直線上升，沒過多久，他就賺取了一筆可觀的財富。

正當他的生意越做越大、買賣越來越多的時候，趕巧他的兒子從大學畢業，沒有找到什麼工作可做，就過來幫助他一起賣漢堡。有一天，他的兒子問他，「父親，你不知道經濟危機要來，經濟大蕭條要開始了嗎？」他茫然不知，回答道，「我不知道，你說說是怎麼回事？」「現在國際經濟形勢非常不好，國內經濟更是糟糕透頂，企業紛紛倒閉，大量產品積壓，物價急速上漲，人們根本買不起東西了。」兒子不急不緩，說的頭頭是道。他聽後驚訝地問：「那我們應該怎麼辦？」兒子回答說：「我們應該為經濟大蕭條的到來，提前做好準備，壓縮開支，節約成本，縮小規模，保存實力。」那人聽了兒子的話，仔細思索了一下，認為兒子有知識，有文化，腦子好，資訊多，見多識廣，說的一定不會錯。於是，他果斷採取措施，減少了原料和小麵包的進貨量，摘下了一個個彩色的看板，裁減辭退一些員工，不再對顧客提供優惠服務，停止送貨上門。沒過多久，果然兒子說的情況出現了，來買他漢堡的顧客越來越少，銷售和利潤急速下滑，不到半年時間，門前冷落鞍馬稀，最後只好關門了。

面臨這種情況，他佩服地對兒子說，「孩子，你說的對啊，多虧我們提前做好了準備，否則不知道要造成多大的損失！」兒子更加自信地說，「我們正面臨著嚴重的經濟危機和經濟大蕭條，很高興之前提醒過你，很高興你能聽取我的建議，提前採取果斷的措施。」

這是一個令人哭笑不得又滿含辛酸的故事。經濟危機到來，很多人談虎色變，被經濟危機的聲勢震懵了頭腦，沒有了自己的嗅覺，沒有了自己的判斷。對經濟春天已經就要來臨茫然不知，最後不僅沒有熬過嚴寒的冬天，還錯失了抓住自己春天的機會，導致企業垮台倒閉，還認為是經濟危機摧毀了自己。

嗅覺關乎企業的生死存亡。這就要求企業既不能堵塞自己的嗅覺，更不能失去嗅覺的靈敏性。保持健康靈敏的嗅覺，企業才能嗅出春天的氣息，嗅出即將到來的商機。那麼，企業怎樣才能嗅到春天來臨的氣息呢？

一、要像天氣預報一樣，建立自己的觀察系統，時刻把握整體經濟的風向。不管哪裡有風吹草動，都要敏銳地察覺到，密切關注其發展變化的動向。

二、把自己的觸角深入百姓生活之中，深入到顧客的身邊，時刻感知消費者的需求心理，發現消費新的需求和新的走向，抓住消費者消費的脈搏。

三、要有靈敏的市場探測器，即時探測到市場角角落落潛藏的新創意和新產品，一經萌芽，就預示著萬物即將開始復甦。

四、要瞪大眼睛盯緊本行業的標竿企業，他們的行動，就是風向標。標竿企業船體大，行動緩，提前啟航往往是他們慣常的策略，一旦他們開始行動，那麼春天的序幕拉開就不遠了。

五、密切關注自己產品的市場反應，絲絲縷縷的跡象都會反映出氣候的變化。

綜合以上各方面的因素，進行準確判斷，做出來的決策才是正確的。

怎麼辦？

雪萊說，冬天來了，春天還會遠嗎？不錯，有低谷就有高潮，有危機就有繁榮。即時地嗅到春天的氣息，準備好自己的種子，抓住季節，適時播種，任何企業，都會在春風中萌發出自己希望的嫩芽。

一語珠璣

春天的意志和暖流正在逐漸地驅走寒冬。

——紀德

法則49
不做啃草的兔子
——善於累積和儲備軟實力

松鼠靠儲備的松籽等食物度過漫漫的冬天，而兔子只能冒著嚴寒和生命危險，四處奔波，靠啃食枯草過活。這就是有沒有累積和儲備的區別。企業也是如此，沒有足夠的累積和儲備，要熬過經濟寒冬，也不是一件容易的事情。所謂累積和儲備，一般人認為就是累積資金，儲備人才。這當然沒錯，前面我們也已經講過。除此之外，還有更關鍵的累積和儲備。靠累積的資金，企業熬過了漫漫寒冬，當聞到春天的氣息，企業應該扔掉棉衣，開始播種了，做好迎接經濟春天的準備。那麼，企業靠什麼買地開荒，播種希望呢？當然是企業的軟實力。所以，春天即將到來前，累積和儲備企業軟實力，對於企業走出嚴冬後的發展，有著非常重要的作用。

企業軟實力，就是一種企業長期累積的，能夠開創未來的內在能量。這種軟實力不單單是靠企業長期的產品生產經營累積起來的，更是企業的文化、企業的理念、企業的組織，以及企業對外在環境的適應方式所起作用的綜合結果。因此，軟實力具有很大的不確定性、模糊性和混沌性。但企業的軟實力開創的未來卻是可預見的，這種可預見性又導致企業未來戰略具有高度的確定性。

全球經濟日趨一體化和開放化，這種情況下爆發的經濟危機，帶來的高風險和不確定性，是任何其他時期所無法比擬的。在如此不確定性面前，企業並非無能為力，因為變化就意味著挑戰，挑戰就意味著機遇。經濟危機中迷亂的環境，更加考驗著企業的生存理念，考驗著企業軟實力的開放、包容、吸收、消化的能力，和可持續性與成長性。正是企業軟實力具有不確定性、模糊性和混沌性，才有可能使原本強大的企業危急中不堪一擊，而一些相對弱小的企業異軍突起，後來居上，實現跨越式、超常規發展。軟實力的不確定性就是一把雙刃劍，不僅考驗著企業對未來的預見能力和環境的適應能力，還最終考驗企業的生存智慧和發展後勁。

所以經濟危機結束後，企業衝擊市場、佔領市場的競爭，主要是軟實力的競爭。

【案例分析】

人人都知道巴菲特喜歡收購企業，不喜歡出售企業，但鮮有人知道他對那些技術變化很快、擁有大型工廠的企業，常常敬而遠之。

巴菲特締造的伯克希爾公司，有一半以上的淨資產來自於十次左右的重大投資收購。他總是在經濟困難時期，以低廉的價格收購，然後長達十年、數十年持有，直到經濟振興的那一天來臨。他是一位馬拉松式的投資高手，當機會來臨時，絕不放過，四處出擊，力圖收購到一個更大更好的企業。

除了企業、股票、債券這些有形的資產，巴菲特當然還有更珍貴的東西。

伯克希爾的股東們常常會看到這樣一個大特寫：你的合夥人巴菲特，正在為你勤奮工作，他沒有利用股東們的共同資產，為自己樹立任何紀念物，巴菲特大廈、巴菲特高塔、巴菲特機場、巴菲特動物園，沒有，什麼也沒有。

儘管巴菲特名聲赫赫，伯克希爾公司業績輝煌，但華爾街很少有人把伯克希爾股票當回事。既沒有哪位證券師關注它，跟蹤分析它，也沒有股票經紀人把它推薦給投資者。更沒有媒體想起它還是一種股票投資品來加以報導，甚至都未曾進入藍籌股公司的名單裡。

伯克希爾公司的年報都是由巴菲特親自撰寫，在那些看似普通的年報裡，沒有照片，沒有曲線圖，它文風獨特，妙趣橫生，充滿了對商界和人性的洞察和其他公司年報所缺少的坦率，智慧和思想的火花隨處可見。年報文采斐然，精闢地評述公司所擁有的主要資產，以及公司投資價值十億美元以上的那些美國優秀企業。這簡直是一次知名企業的盛大展示會，包括可口可樂、吉列公司、美國運通、富國銀行、《華盛頓郵報》公司、穆迪公司和布洛克公司等等大名鼎鼎的企業，都會赫然在列。

再看看公司非常特別的股東年會。約一萬到一萬五千名的股東，來自世界各地，每年春天，這群快樂的股東們都會朝聖般湧向投資聖殿奧馬哈。巴菲特往往撇開公司業務不談，僅僅用不到十分鐘時間開會，然後整整一天的時間，都來親自回答股東們的提問。

不愛拋頭露面，不喜歡個性張揚，保持生活低調，這就是巴菲特，一個把生活準則描述為「簡單、傳統和節儉」的巴菲特。

巴菲特是成功的，他的成功就在於他的軟實力——「簡單和永恆」。不管經濟形式如何變幻，他都奉行最簡單的原則，從生活到工作，從理念到事業。時時透著簡單，事事奉行簡單。

怎麼辦？

春天的氣息已經飄進人們的鼻孔，企業即將迎來一個劇變的時代。要想在春天求得生存和發展，必須積極主動地累積和儲備相對的能量和足夠的軟實力，「春種一粒粟，秋收萬顆籽」，在新一輪的競爭中，爭得發展的先機。

一語珠璣

我們也會有恐懼和貪婪，只不過在別人貪婪的時候我們恐懼，在別人恐懼的時候我們貪婪。

——巴菲特

法則50
暖棚帶來的啟示
——量力而行，提前復甦

春天來臨的時機，各不相同。即使在寒冷的北方，也有溫暖如春的地方，例如菜農的暖棚。那就是人工創造的小小的春天，百花盛開，爭奇鬥豔，一幅春天美麗的畫圖。企業在乍暖還寒時，也可以建一個暖棚，為企業的成長創造先機。

組建自己的冬暖式大棚，對於企業來說並不是新鮮的話題，美國經濟大蕭條時期，很多企業之所以能保持旺盛的活力，不僅沒有被環境擊垮，反而一步一步發展壯大了起來，無疑是有自己營造的小小的春天。危機即將結束，怎樣才能搭建一個合適的冬暖式大棚呢？首先，要選準合適的土地，也就是適合自己產品銷售的優質消費區域。即使是處女市場，只要市場潛力巨大，前景廣闊也可以。其次，搭建大棚，積聚溫度。主要的做法就是為自己的產品造勢，這是一個無中生有的過程，透過有效的廣告宣傳、行銷活動等，在自己選中的區域內營造產品出生的氣氛。「千呼萬喚始出來」，這時期要做的就是千呼萬喚，讓顧客知道自己的產品，熟悉自己的產品，為產品的出生做好鋪墊。再次，一切準備就緒，時機成熟，就要適時播種，隆重推出自己的產品。這時要切記，第一印象永不再來。所以，怎樣讓自己產品一亮相就抓住顧客的心，非常重要。既要博得顧客的好感，又要贏取顧客的信任。這一時期，可以向顧客免費贈送自己的產品，讓顧客不花費任何代價就可以享受到新產品帶來的新體驗。進而以點帶面，樹立榜樣，使自己的產品立住腳、紮下根，並能開闢一片根據地。一旦大地回暖，春風勁吹，拆掉大棚，你的田地已經姹紫嫣紅了。

【案例分析】

十九世紀末，美國兩家報紙《世界報》和《新聞報》，為了爭奪讀者，提高發行量，紛紛採用講故事的辦法拉攏廣大民眾。新移民、婦女、底層民眾的生活等內容，常常是新聞故事的主角。由於這些故事貼近生活，真實生動，使兩家報紙深受讀者的歡迎，銷量大增，成為紐約最暢銷的兩大報紙。這也讓雙方的競爭更加激烈，為了能壓制對手，擊敗對手，兩家不約而同把目光瞄準了一個能製造巨大新聞熱點的事件——戰爭。

當時，美國周邊的古巴、波多黎各等國，均屬於西班牙的地盤，眾多的美國僑民生活在那裡，美國商人也經常在這些地區出入，進行商業貿易。一八九五年三月，古巴爆發了反對西班牙殖民統治的武裝起義，在這場戰爭中，很多美國僑民受到了西班牙軍隊的不公正待遇。對於兩家報紙來說，這無疑是天賜良機，他們近乎瘋狂地盼望美國參戰。同時，還派出大批記者深入古巴腹地，挖掘各種新聞故事，煽風點火，激起美國民眾的反西情緒，促使美國早日參戰。

有五個故事最具有代表性：

第一個故事，敘述了西班牙政府為了阻止古巴人民支援古巴起義部隊，把全部百姓抓進集中營，四十萬百姓在集中營中因為饑餓和感染瘟疫被奪去了生命。

第二個故事，講的是古巴有個美麗的姑娘叫阿讓，西班牙軍隊懷疑她同情古巴起義軍而將她驅逐出境，出境檢查時，好色醜陋的西班牙軍人竟然強行對其脫衣檢查。為了增加真實感和可信度，《新聞報》還為此專門配上了精心繪製的圖片。

這兩個故事立即引起了美國百姓對古巴的同情，紛紛譴責西班牙的暴行和犯下的罪惡。

接著報紙講述了第三個故事，古巴總統的侄女埃文赫利娜十分漂亮，不幸被西班牙佔領軍的一個軍長貝里茲盯上，貝里茲獸性大發，企圖對她進行強暴，被恰巧趕來的三名政治犯救下。結果，埃文赫利娜被判處二十年監禁，理由是她指使三名政治犯刺殺西班牙軍隊長官。這個故事一經刊登，立即引起了美國人的關注，當天就有十五萬美國人聚集一起，簽名要求釋放少女埃文赫利娜，大批的社會名流也開始向西班牙女王請願抗議。

第四個故事就更加獨具匠心了。故事說，古巴起義軍偷到一封寫給西班牙軍隊首腦的一封信，寫信人是西班牙駐美國大使杜普依．德．洛梅，打開信件，內容令人大吃一驚，信中杜普依大使痛斥美國總統麥金萊是個愚蠢的傻瓜，十足的笨蛋。美國人被徹底激怒，求戰呼聲四起。

第五個故事就將美國民眾的情緒推上了高潮，最終迫使美國政府不得不對西宣戰。一八九八年二月十五日，停泊在古巴哈瓦那海面的美國軍艦「緬因」號，突然發生爆炸，斷裂沉沒，軍艦上三百五十四名官兵，有兩百六十六人不幸喪生。兩家報紙口徑非常統一，一口咬定這事肯定就是西班牙人做的，因為只有西班牙人才會這麼囂張。這一次，美國民眾瘋狂了，在整個國家一片求戰呼聲，迫使原本堅持和平外交手段解決古巴問題的美國政府，不得不向民眾狂熱高昂的戰爭情緒低頭。一八九八年四月十一日，美國總統麥金萊宣布，對西戰爭開始。

美西爆發戰爭爆發前，《新聞報》派駐古巴的採訪記者曾發回這樣一份電文，「一切平靜，沒有戰爭。」報社立即電令，「你給我新聞故事，我給你戰爭。」這就是新聞史上最負盛名的電文，可見造勢對事物發展的強大推動力。

兩家報紙為了自己的發展，用故事激起民眾的憤怒，促使民眾上街遊行、集會、示威，營造戰爭的氣氛，最終導致美西戰爭的爆發。接著透過對戰爭的全面報導，牢牢地抓住了民眾的目光，使報紙發行量激增，達到自身利益最大化的效果。這就是典型為自己創造一個春天的案例。

怎麼辦？

如果企業準備好了核心業務，具有了核心競爭力，已經積蓄了春天破土發芽的力量，那麼，就應該提前行動，造一座暖棚。當春天到來的時候，別人剛開始播種，你已經枝繁葉茂，花蕾滿枝，提前收穫豐碩的果實，也就順理成章了。

一語珠璣

如果一開始我們就是最棒的，那麼以後也將一直走在別人前面。——格蘭特·廷克

法則51

蛹化成蝶

——選擇合適的時機和環境

蝴蝶是美麗的，而化蝶的過程卻充滿了艱辛。化蝶前數十天內，蛹的身體內部就開始劇烈的變化，一邊破壞掉幼蟲的舊器官，一邊生成新的器官。牠只有完成一系列痛苦的改造後，才能蛻掉蛹殼，讓人們看到激動人心的那一幕奇觀。

企業經歷了經濟寒冬中艱難的生存掙扎，終於熬到了春天就要到來的時刻。在這個時候，企業應該做些什麼準備呢？等待，等待合適的時機；選擇，選擇合適的環境。只有合適的時機才能使化蝶順利進行，只有合適的環境才能保證化蝶的安全。只有在合適的環境，選擇合適的時機，才能使企業順利打開市場，展翅高飛。

【案例分析】

一八〇三年八月，遠在美國的年輕發明家富爾敦，獲悉拿破崙皇帝正準備率領法蘭西精銳之師，越過大西洋上的英吉利海峽進攻英國，不由得激動萬分，遠涉重洋來到法國，向拿破崙皇帝推銷自己發明的蒸汽動力船。富爾敦充滿激情地向拿破崙介紹蒸汽動力船的好處，他說，「可以砍掉法國現有戰船的桅杆，撤下笨重的風帆，裝上有強勁動力的蒸汽機，把木頭船板換成鐵板，組建一支由蒸汽機做動力的鋼鐵艦隊。無論什麼天氣，都可以順利航行，隨時可以在英國登陸。而且用鋼板造船，堅固耐用，能夠抵禦敵人火炮攻擊，會大大增強法軍的戰鬥力。」拿破崙聽了哈哈大笑，認為富爾敦是個瘋子，他認為，軍艦沒有風帆是多麼荒誕不經的事情，根本無法航行，而且木板換成鋼板，重量會大增，軍艦就會沉沒。拿破崙把富爾敦的說法當成了笑話，並趕走了他。拿破崙趕走了富爾敦，也趕走了自己的勝利女神。後來，英國歷史學家阿克頓評論說，正是拿破崙這一缺乏遠見卓識的行動，才使得英國在當時的歐戰之中得以倖免，如果拿破崙接受了富爾敦的建議，用蒸汽動力船武裝自己的軍隊，那十九世紀的世界歷史，也許會是另一個模樣。

時間轉眼到了一九三九年八月，世界再次爆發戰爭，愛因斯坦等一些熱愛和平的科學家聯名給美國總統羅斯福寫信，建議美國加快核武器的研製工作。此時希特勒領導的法西斯德國正在緊鑼密鼓地研製核武器，如果落在法西斯的後面，那將是世界人民的災難。信是由時任白宮經濟顧問的薩克斯親手轉呈給羅斯福總統的，薩克斯藉機向羅斯福中進行了遊說。可是，羅斯福總統對研製核武器根本無動於衷。後來，薩克斯在與羅斯福總統共進早餐時，向羅斯福總統講述了當年拿破崙拒絕使用蒸汽動力船武裝軍隊的故事，並介紹了英國歷史學家阿克頓對此事的評價，羅斯福瞬間被這個故事打動了。從此，美國快速啟動了核武器的研究實驗，使倔強、狂妄的日本人成為第一次嚐到了原子彈滋味，提前結束了二次世界大戰。

這個故事充分說明了合適的時機與合適的環境對實現目標的重要性。通過經濟危機摧枯拉朽的打擊，經濟一片蕭條，處處是斷壁殘垣的破落敗景。有破就有立，處處荒涼，就處處潛藏著機遇。這時，企業就應該做好抓住機遇的各種準備。要像富爾敦一樣準備好自己的核心業務，並為自己的核心業務撰寫美妙動人的故事。接著，要像富爾敦那樣善於捕捉絲絲縷縷傳遞而來的資訊，然後大膽地去尋找新客戶。找到新客戶，就不能像富爾敦那樣錯失良機了，而應該向薩克斯學習，選擇合適的時機，為顧客講述關於自己產品的故事，用故事打動顧客，讓顧客認可自己產品，進而實現自己的目標。

當然，企業把握機遇的能力並非天生具有，先哲早已說過，機遇總是眷顧那些有準備的人。企業要具備敏銳的觀察力，就要建立自己完善的情報系統，拓寬各種資訊來源管道，在紛紜複雜的資訊裡，甄別出與企業有關，或企業需要的資訊，從庸常中嗅出機遇的蛛絲馬跡。有了資訊還要準確判斷，根據自身的情況，判斷出機遇的價值，進而根據機遇的價值做出決斷。做出決策後，就要考驗企業的執行力了，執行力如何，直接決定事情的成敗。

怎麼辦？

常有人說，機遇面前人人平等。其實不然，相同的機遇會在不同的企業面前表現出不同的形式。同時把握機遇的準備不同，機遇出現的時間也不同。化蛹為蝶講究時機和環境，企業騰飛也是如此。在經濟危機過後出現的大量機遇面前，不盲動，不跟風，耐心等待，仔細觀察，選擇最佳良機。

一語珠璣

對於那些實際上影響我們一生的前途和最後歸宿的事件，我們甚至也只能知道其中的一部分。還有數不清的大事——假如稱之為大事的話——差點發生在我們身上。然而卻在我們身邊掠過，沒有產生什麼實際效果。甚至也沒有反向任何亮光或陰影到我們的心上，使我們察覺到他們的接近。

——霍桑

法則52

山雀喝奶

——創造全新的盈利模式

上個世紀初，在英格蘭鄉村，有一套比較完善的牛奶配送系統。送奶工每天凌晨，都會將牛奶放在各家各戶的門口，那時候的奶瓶口沒有蓋子，因此很多山雀和紅知更鳥紛紛趕在主人拿走牛奶之前，享受這送上門的免費早餐。後來，牛奶公司發現了這個問題，開始用鋁箔紙封住奶瓶口，以為這樣一來，就不會受到鳥類的偷食了。但過了幾十年，人們驚訝地發現，英格蘭鄉村幾乎全部的山雀，都學會了刺穿奶瓶鋁箔紙封口，繼續品嚐人們為其準備的美味牛奶，而紅知更鳥卻沒有享受到這一特殊待遇。這些山雀，可以說找到了一個新的覓食途徑。山雀的行為，對企業家來說，有什麼樣的啟發呢？那就是找到一個全新的盈利模式。牛奶對於鳥類來說，如同市場出現的新產品，一開始，山雀和紅知更鳥都能享受到這個美味，都能從市場中分得一杯羹。可是隨著市場的門檻的提高，紅知更鳥被淘汰出局，而山雀由於「產品升級換代」——能啄破錫箔紙封口，進而尋找到了一種新的盈利模式。

企業盈利的模式有很多種，隨著經濟危機的發生，企業原有的盈利模式可能已經無法適應危機過後復甦的需要，更新盈利模式將是企業重新回歸市場必須要做的功課。如果企業打算進入一個尚未成熟的行業，那就要使自己的企業標準處於較高的水準，讓自己的企業標準成為行業標準的重要參照。這樣一來，在新的行業裡，企業就會處於先入為主的有利地位。如同跳高運動，起點高才能跳得高。這樣做的好處是使企業具有較高利潤保護能力，以及遞增的規模效益能力，自然能帶來相較於低標準企業多得多的利潤，並能使企業始終處於行業的核心區域，保住企業的核心地位。如果企業進入的是成熟行業，那就要創新自己的產品，加快新產品研發的速度，使企業的標準遠遠超過行業標準，並使之具有廣泛性，以便隨時可以向舊標準宣戰，為企業爭取一個有利的位置。

弱肉強食的叢林法則，同樣適用於經濟活動中，一個發展勢頭良好的企業，肯定有其獨特之處。發展是硬道理，但是在經濟危機中，發展的前提就是先要學會生存。企業要生存就首先要學會盈利，每個成功的企業都其自身盈利的真經，有些企業甚至可以用一個簡單的公式加以表述，例如IBM的「財富＝服務×（尊重＋創新＋激勵）」，福特的「日薪五美元＝三千萬美元」；有些企業更是簡單的一句話，例如巴菲特的「簡單和永恆」，比爾．蓋茲的「微軟離破產永遠只有十八個月」等等，都是企業經營理念、管理方法的高度濃縮，是一個企業的精神靈魂。

彼得．杜拉克曾經說過，「管理是一種實踐，其驗證不在於邏輯，而在於成果。」在嚴酷的市場競爭中，每天都在上演著成功和失敗的悲喜劇，善於學習，善於借鑑，善於從別人的盈利模式中發現找到適合自己的模式，不失為一種建立新模式的好方法。

【案例分析】

惠普公司之所以能取得目前的突出成績，很大程度得益於它內涵豐富又契合市場的經營理念公式：資本＋知識＝人才＝財富。惠普的創辦人惠利特和帕卡德，對「資本＋知識＝人才＝財富」這個公式的解釋是：「人才就是資本。人才是知識的載體，知識是人才的內涵；人才是企業不可估量的巨大資本。而知識就是財富。因而，對於企業而言，人才＝財富。」這讓人們認識到，惠普公司不同於傳統的企業，在當今資訊化時代，它始終處於技術更新最快的領域裡，它對知識與人才有著非常強烈的渴求。在吸引、留住、培訓、用人方面，惠普一直走在時代的前列。這個公式也讓惠普的員工感覺到，他們每個人都是重要的，每項工作的都是重要，不可或缺的。

創業初期，惠普曾實行一項獎勵補償措施，如果生產超過定額，就會得到一筆較高的獎金。接著又推行一種「利潤分享」的制度，鼓勵員工一起分享企業成功的快樂。在惠普擠滿各階層員工的自助餐廳中，用不了三美元，就可以享受到氣氛熱烈、品種豐盛的午餐。

惠普的公司目標總是一再修訂，然後重新印發給每位員工。每次都重申公司的宗旨：「組織之成就乃每位同仁共同努力之結果。」著重強調惠普對勇於創新精神的員工所承擔的責任，這是驅動公司成功的最重要力量。正如在公司目標引言中強調的那樣：「惠普不應採用嚴密之軍事組織方式，而應給全體員工以充分的自由，使每個人按其本人認為最有利於完成本職工作的方式，為公司的目標做出各自的貢獻。」

擁有多樣化的員工，並由此帶來的多樣化的思想，一直是惠普競爭優勢的主要來源。惠利特曾這樣說過，「惠普的這些政策和措施來自於一種信念，就是相信惠普員工想把工作做好，有所創造。只要給他們提供適當的環境，他們就能做得更好。」

「尊重員工，相信每一個員工的能力」，這就是惠普能夠在自己的領域上始終唯我獨尊的強大武器。

怎麼辦？

有一百個人，就有一百種盈利模式。所謂的創新盈利模式，並非一句話就能解決的問題。只有根據企業自身的特點，找到適合自己的模式，而不是照搬照抄，一會兒微軟，一會兒可口可樂；剛看好松下，轉眼又盯上了SONY，變來變去，無所適從，最終就會邯鄲學步，連起碼的盈利模式都會丟掉。未雨綢繆，經濟春天到來之前，認準自己的盈利區域，選好自己的盈利模式，並學會保護好自己的利潤，只有如此，才能有備而來，穩妥進入，而不至於手忙腳亂，出征未捷身先死。

一語珠璣

假如你希望在你的生活中也獲得那樣的機遇，你必須播種，而且最好多播種，因為你尚未不清楚哪一粒種子會發芽。

——坎貝爾

法則53
冬眠的動物醒來了
——擴張機會，實現兩個升級

可能沒人注意，冬眠的昆蟲，到了春天何時醒來、怎樣醒來？也許有人會說，天氣暖和了，自然就醒來了，好像氣溫是主要的原因。而實際情況並沒有這麼簡單。冬眠的昆蟲要想醒來，首先必須喝足水分。昆蟲冬眠前，為了降低冰點，免遭凍害，必須排除體內大部分的水分，越冬期間，又會消耗一部分水分，等到春天到來，體內所剩水分已經降低到了極限。失水過多，就會妨礙昆蟲的正常活動，牠們必須藉助身體的表皮、呼吸系統、消化系統等各種具有吸水功能的器官，儘可能多地補充水分，等身體所需水分吸收充足，才開始慢慢行動，直到行動自如。如果春天過於乾燥，吸收不到足夠的水分，往往就會造成大量死亡。除了要吸收足夠的水分，有些昆蟲要靠食物的刺激才能甦醒過來。甦醒時間與所需食物的生長季節有著密不可分的關係。例如以卵越冬的蚜蟲，只要寄主開始發芽，牠們就衝破卵殼，鑽出來吸吮嫩芽的汁液，寄主的萌芽時間就是蚜蟲孵化的信號彈和起床鈴。昆蟲醒來尚需足夠的條件，經濟危機中冬眠的企業，要想甦醒過來，也要做好充分的準備。

一半是海水，一半是火焰。很多企業家都會這樣描述經營管理中的感受，既充滿了光榮與夢想，又蘊含了無奈和辛酸。尤其是處於經濟危機中，企業家更是如坐針氈，寢食難安。好不容易熬過了漫漫寒冬，各個企業摩拳擦掌，躍躍欲試，就等春天吹響的第一聲號角了。這種亟不可待的心情，當然可以理解，但是，越是這樣的時刻越需冷靜、沉穩，不可慌了手腳，欲速而不達。就像昆蟲要甦醒前吸足水分一樣，做為一個企業，先要做好各項復甦的準備工作，看看資金夠不夠，技術準備如何，設備是否到位，人員是否到崗，制度是否健全。準備好這些基礎的東西，企業是不是就可以高枕無憂，蒙頭睡大覺等待春天的到來呢？顯然不行，還有更重要的任務等著企業來完成。這時候，企業最重要的工作是什麼呢？那就是實現兩個升級，其一是技術產品升級，其二是規模框架升級。就像蟲蛹化蝶一樣，必須先做好身體內部一系列變化的準備，企業也一樣。經濟危機過去，一切都要重來，能否趁機蛻變成翩翩起舞的蝴蝶，那就看企業自身是否具備相對的條件了。第一個升級是技術升級，技術升級的目的就是為了產品和服務升級，就是核心業務的升級，就是核心競爭力的升級，這是企業生存的根本，也是企業前進的動力。第二個升級是規模框架的升級，危機前的規模框架，肯定已經不適應新的市場要求，升級已是必然。規模是效益的保證，沒有規模，企業的利潤就無法得到有效地實現。傳統的企業經營模式，大多在做加減法，有時過分相信自己的技術優勢和經營能力，靠慣性長期重複自己的模式和經驗，對市場缺乏敏感，沒有合作意識，創新力不足，眼光向內沒有大局觀等，導致企業步步萎縮，直至破產。有些企業又過於相信多元化、規模化，盲目擴張，戰線過長，有了數量，但品質難以保重，顧此失彼，最後導致船大灘淺，進退兩難。而實現兩個升級的結合，是做乘法。企業不再侷限於員工、設備、圍牆等有形的東西，內靠核心業務，外借資本的力量，對行業交叉整合，如巴菲特與可口可樂，使企業價值最大化，財富增長高速化。

至此，本書的寒冬之旅，即將結束，讓我們用一個小故事做為彼此道別的禮物吧！

【趣聞快讀】

有一天，一位紳士走進紐約花旗銀行貸款部，衣著華貴，舉止得體，貸款部經理急忙迎上前去問候致意，「先生，有什麼事情需要幫忙嗎？」

「哦，我想借些錢。」紳士禮貌地說。

「好的，先生，您想借多少？」

「一美元。」

「您只借一美元？」

「是的，一美元，可以嗎？」

「當然可以，只要有足夠的擔保，多借也是可以的。」

紳士從珍貴的皮包裡取出一堆珠寶，堆在桌子上說，「這些擔保可以嗎？價值五十萬美元，夠嗎？」

「當然夠，當然夠。不過，您真打算只借一美元？」貸款部經理驚異地問。

「是的。」紳士接過一美元，就準備離開銀行。

站在旁邊觀看的分行行長大惑不解，他無法相信眼前這一切都是真的，於是他追上紳士說：「尊敬的先生，請您留步。您用價值五十萬元的珠寶作抵押，為何只借一美元呢？如果您想借三十萬、四十萬，我們也願意效勞的。」

「啊，是這樣，我來貴行之前，諮詢過幾家銀行的金庫，他們的保險櫃和租金，都很昂貴，只有您這裡的租金便宜，一年才六美分。」說完，這位紳士高興地走了。

讓我們留下紳士的身影，做為春天裡吹來的一縷暖風，永遠陪伴在我們的身邊吧！

一語珠璣

每人都有一個好運降臨的時候，只看他能不能領受；但他若不即時注意，或頑強地拋開機遇，那就並非機緣或命運在作弄他，唯有歸咎於他自己的疏懶和荒唐；我想這樣的人只好抱怨自己。

——喬叟

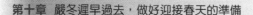

國家圖書館出版品預行編目資料

動物思維—耶魯大學商學院不教的53條企業生存法則／王汝中著.
——第一版——臺北市：知青頻道出版；
紅螞蟻圖書發行，2014.3
面　；　公分——
ISBN 978-986-5699-04-8（平裝）

1.企業管理 2.危機管理 3.通俗作品

494　　103003337

動物思維—耶魯大學商學院不教的53條企業生存法則

作　　者／王汝中
發 行 人／賴秀珍
總 編 輯／何南輝
美術構成／Chris' office
校　　對／周英嬌、楊安妮、賴依蓮
出　　版／知青頻道出版有限公司
發　　行／紅螞蟻圖書有限公司
地　　址／台北市內湖區舊宗路二段121巷19號（紅螞蟻資訊大樓）
網　　站／www.e-redant.com
郵撥帳號／1604621-1　紅螞蟻圖書有限公司
電　　話／(02)2795-3656（代表號）
傳　　真／(02)2795-4100
登 記 證／局版北市業字第796號
法律顧問／許晏賓律師
印 刷 廠／卡樂彩色製版印刷有限公司
出版日期／2014年 3月　第一版第一刷

定價 280 元　港幣 93 元

ISBN 978-986-5699-04-8　　Printed in Taiwan